计算机视觉基础与应用

董 琴 著

中国原子能出版社

图书在版编目（CIP）数据

计算机视觉基础与应用 / 董琴著. --北京：中国原子能出版社，2023.11
ISBN 978-7-5221-3125-2

Ⅰ. ①计… Ⅱ. ①董… Ⅲ. ①计算机视觉 Ⅳ. ①TP302.7

中国国家版本馆 CIP 数据核字（2023）第 228197 号

计算机视觉基础与应用

出版发行	中国原子能出版社（北京市海淀区阜成路 43 号　100048）
责任编辑	杨　青
责任印制	赵　明
印　　刷	北京天恒嘉业印刷有限公司
经　　销	全国新华书店
开　　本	787 mm×1092 mm　1/16
印　　张	14.5
字　　数	216 千字
版　　次	2023 年 11 月第 1 版　2023 年 11 月第 1 次印刷
书　　号	ISBN 978-7-5221-3125-2　　**定　价　72.00 元**

发行电话：010-68452845

前　言

随着计算机技术和算法的不断进步，计算机视觉在许多领域的应用日益广泛，它可以在智能交通、医疗影像分析、安防监控、增强现实等领域发挥重要作用。总的来说，计算机视觉作为一门跨学科的研究，具有广泛的研究空间和应用前景。通过不断的创新和发展，计算机视觉将为我们创造更多的可能性，并给人们的生活和工作带来重要影响。

本书共分八章：第一章为计算机视觉概论，分别介绍了计算机视觉的定义与发展、计算机视觉的内容与特点、计算机视觉的基础知识、计算机视觉的部分应用领域四个方面的内容；第二章为计算机视觉——图像分类，主要介绍了四个方面的内容，依次是图像分类的种类与发展、基于词袋表示的图像分类、基于 Fisher 向量的图像表示方法、基于深度学习的图像分类；第三章为计算机视觉——图像语义分割，分别介绍了五个方面的内容，依次是基于聚类的分割方法、基于边缘的分割方法、基于区域的分割方法、基于图论的分割方法、基于深度学习的分割方法；第四章为深度学习与图像识别，依次介绍了图像识别概述、深度学习框架、神经网络、卷积神经网络、循环神经网络五个方面的内容；第五章为图像压缩，主要介绍了六个方面的内容，分别是 Auto Encoder 原理与模型搭建、Auto Encoder 数据加载及模型训练与结果展示、GAN 原理与训练流程、GAN 随机生成人脸图片、Auto Encoder 与 GAN 的结合以及图像修复；第六章为边缘检测，分别介绍了边缘检测基本理论、模板匹配方法与 3×3 模板算子理论、微分梯度算子与微分边缘算子、圆形算子、滞后阈值、Canny 算子和 Laplacian 算子六个方面的内容；第七章为计算机视觉的基础应用，主要介绍了三个方面的内容，依次是计算机视觉在人脸检测与识别上的应用、计算机视觉在监控上的应用、计算机视觉在车载视觉系统上的应用；第八章为计算机视觉在 AI 云平台及移动端的应用，主要介绍了三个方面的内容，依次是 AI 云开发简介、云开发平台、云端机器学习应用。

在撰写本书的过程中，笔者参考了大量的资料，得到了相关专家、学者的帮助，在此表示感谢。本书内容全面，条理清晰，但由于作者水平有限，书中难免会有疏漏之处，希望广大读者批评与指正。

作　者

2023 年 5 月

目　　录

第一章　计算机视觉概论

本章为计算机视觉概论，分别介绍了计算机视觉的定义与发展、计算机视觉的内容与特点、计算机视觉的基础知识、计算机视觉的部分应用领域四个方面的内容。

第一节　计算机视觉的定义与发展

一、计算机视觉的定义

从生物学的角度来看，计算机视觉是研究如何得到人类视觉系统的计算模型的科学；从工程学的角度来看，计算机视觉是研究如何建立可以媲美人类视觉（在某些视觉任务上超越人类视觉）的系统。通常来说，完成视觉任务需要通过图像或视频来理解场景，这两个角度是互相促进、彼此关联的。人类视觉系统的特点对于设计计算机视觉系统和算法有着很大的启发，而计算机视觉的算法也可以帮助人们来理解人类的视觉系统。本书将从工程学的角度来介绍计算机视觉。

从工程学的角度来看，计算机视觉主要研究的是通过图像或视频来重建和理解场景，完成人类视觉可以完成的任务。人类视觉是通过眼睛看到某一场景的图像，再通过大脑对图像进行分析，最终得到对场景的理解结果的过程；而计算机视觉则是通过摄像机等成像设备获得场景的图像，通过计算机和相应的视觉算法对图像进行分析，得到和人类类似的场景理解结果。摄像机等成像设备相当于人的眼睛，而计算机和视觉算法则相当于人类的大脑（见图 1-1-1）。

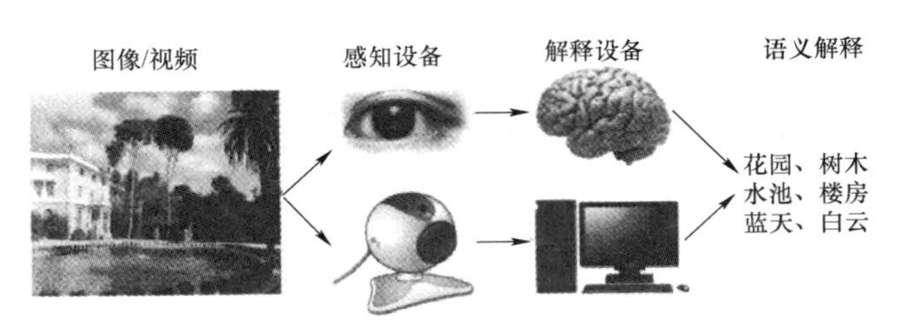

图 1-1-1 计算机视觉与人类视觉示意图

近年来，随着计算机视觉及其他相关学科（如认知学、心理学等学科）的发展，其目标已经从识别出场景中所包含的物体及场景中正在发生的事件发展到推测视频中人的目的和意图，帮助人们理解视频中一些状态变化的原因及对人的下一步行为进行预测。计算机视觉是一门交叉学科，涉及图像处理、模式识别、机器学习、人工智能、认知学及机器人学等诸多学科。其中，图像处理是计算机视觉的基础。图像处理研究的是图像到图像的变换，其输入和输出的都是图像。常用的图像处理操作包括图像压缩、图像增强、图像恢复等。计算机视觉的输入是图像，而输出则是对图像的理解，在此过程中要用到很多图像处理的方法。模式识别研究是指使用不同的数学模型（包括统计模型、神经网络、支持向量机等）来对不同模式进行分类。模式识别的输入可以是图像、语音及文本等数据，而计算机视觉中的很多问题都可以视为分类问题。人的大脑皮层的活动约 70%是在处理视觉相关的信息，视觉相当于人脑的大门，其他如听觉、触觉、味觉等都是带宽较窄的通道。如果不能处理视觉信息，整个人工智能系统就只能做符号推理。如下棋和定理证明等，既无法进入现实世界，也无法研究真实世界中的人工智能。

二、计算机视觉的发展

计算机视觉在多年的发展中，尽管人们提出了大量的理论和方法，

但总体上说，计算机视觉经历了四个主要历程，即马尔计算视觉、主动和目的视觉、多视几何与分层三维重建和基于学习的视觉。下面将对这四项主要内容进行简要介绍。

（一）马尔计算视觉

1982 年大卫 · 马尔《视觉》一书的问世，标志着计算机视觉成为一门独立学科。现在很多计算机视觉的研究人员，恐怕对“马尔计算视觉”根本不了解，这不能不说是一件非常遗憾的事。目前，在计算机上调“深度网络”来提高物体识别的精度似乎就等于从事“视觉研究”。事实上，马尔的计算视觉的提出，不论在理论上还是研究视觉的方法论上均具有划时代的意义。

马尔的计算视觉分为三个层次：计算理论、表达和算法及算法实现。由于马尔认为算法实现并不影响算法的功能和效果，所以，马尔计算视觉理论主要讨论“计算理论”和“表达与算法”两部分内容。

1. 计算理论

马尔的计算理论认为，图像是物理空间在视网膜上的投影，所以图像信息包含了物理空间的内在信息，因此，任何计算视觉计算理论和方法都应该从图像出发，充分挖掘图像所包含的对应物理空间的内在属性。也就是说，马尔的视觉计算理论就是要“挖掘关于成像物理场景的内在属性来完成相应的视觉问题计算”。因为从数学的观点看，仅仅从图像出发，很多视觉问题具有“歧义性”，如典型的左右眼图像之间的对应问题。如果没有任何先验知识，图像点对应关系就不是唯一确定的。任何动物或人的生活环境都不是随机的，不管有意识或无意识，时时刻刻都在利用这些先验知识，来解释看到的场景和指导日常的行为和行动。

2. 表达和算法

识别物体之前，不管是计算机还是人，大脑（或计算机内存）中事先都要有对该物体的存储形式，称为物体表达。马尔视觉计算理论认为，物体的表达形式为该物体的三维几何形状。马尔当时猜测，由于人在识别物体时与观察物体的视角无关，而不同视角下同一物体在视网膜上的成像又不同，所以物体在大脑中的表达不可能是二维的，可能是三维形状，因为三维形状不依赖于观察视角。从当前的研究看，马尔的物体的三维表达猜测基本上是不正确的，至少是不完全正确的，但马尔的计算理论仍具有重要的理论意义和应用价值。

算法部分是马尔计算视觉的主体内容。马尔认为，从图像到三维表达，要经过三个计算层次：首先从图像得到一些基元，然后通过立体视觉等模块将基元提升到 2.5 维表达，最后提升到三维表达。

（二）昙花一现的主动和目的视觉

很多人介绍计算机视觉时，将这部分内容不作为一个单独部分加以介绍，主要是因为“主动视觉和目的视觉”并没有对计算机视觉后续研究形成持续影响，但作为计算机视觉发展的一个重要阶段，这里还是有必要予以介绍。

20 世纪 80 年代初马尔视觉计算理论提出后，学术界兴起了“计算机视觉”的热潮。人们想到的这种理论的一种直接应用就是给工业机器人赋予视觉能力，典型的系统就是所谓的“基于部件的系统”。然而，10 多年的研究，使人们认识到，尽管马尔计算视觉理论非常优美，但“鲁棒性”不够，很难像人们预想的那样在工业界得到广泛应用。这样，人们开始质疑这种理论的合理性，甚至提出了尖锐的批评。

针对这种情况，当时视觉领域的一个著名刊物于 1994 年组织了一期专刊对计算视觉理论进行了辩论。首先由耶鲁大学的塔尔和布朗大学的布莱克写了一篇非常有争议性的文章，认为马尔的计算视觉并不排斥主动性，但把马尔的“通用视觉理论”过分地强调“应用视觉”的观点视为“短见”之举。通用视觉尽管无法给出严格定义，但“人类视觉”是最好的样板。这篇观点文章发表后，国际上 20 多位著名的视觉专家也发表了他们的观点和评论。大家普遍的观点是，“主动性”“目的性”是合

理的，但问题是如何给出新的理论和方法。而当时提出的一些主动视觉方法，仅仅是算法层次上的改进，缺乏理论框架上的创新。另外，这些内容也完全可以纳入马尔计算视觉框架下。所以，从1994年这场视觉大辩论后，主动视觉在计算机视觉界基本没有太多实质性进展。这段“彷徨阶段”持续不长，对后续计算机视觉的发展产生的影响不大，可谓“昙花一现”。

（三）多视几何和分层三维重建

20世纪90年代初计算机视觉从“萧条”走向进一步“繁荣”，主要得益于两方面的因素：首先，瞄准的应用领域从精度和鲁棒性要求太高的“工业应用”转到要求不太高，特别是仅需要“视觉效果”的应用领域，如远程视频会议、考古、虚拟现实等；然后，人们发现，多视几何理论下的分层三维重建能有效提高三维重建的鲁棒性和精度。

1. 多视几何

由于图像的成像过程是一个中心投影过程，所以“多视几何”本质上就是研究射影变换下图像对应点之间以及空间点与其投影的图像点之间的约束理论和计算方法的学科。计算机视觉领域，多视几何主要研究二幅图像对应点之间的对极几何约束、三幅图像对应点之间的三焦张量约束、空间平面点到图像点、空间点为平面点投影的多幅图像点之间的单应约束等。在多视几何中，射影变换下的不变量，如绝对二次曲线的像、绝对二次曲面的像、无穷远平面的单应矩阵，是非常重要的概念，是摄像机能够自标定的“参照物”。由于这些量是无穷远处“参照物”在图像上的投影，所以这些量与相机的位置和运动无关，因此可以用这些“射影不变量”来自标定摄像机。

总体上说，多视几何就其理论而言，在射影几何中不能算新内容。哈特利、福热拉、齐瑟曼等将多视几何理论引入到计算机视觉中，提出了分层三维重建理论和摄像机自标定理论，丰富了马尔三维重建理论，提高了三维重建的鲁棒性和对大数据的适应性，有力推动了三维重建的应用范围。所以，计算机视觉中的多视几何研究，是计算机视觉发展历程中的一个重要阶段和事件。

2. 分层三维重建

所谓的分层三维重建，就是指从多幅二维图像恢复欧几里得空间的三维结构时，不是从图像一步到欧几里得空间下的三维结构，而是分步分层地进行。即先从多幅图像的对应点重建射影空间下的对应空间点（即射影重建），然后把射影空间下重建的点提升到仿射空间下（即仿射重建），最后把仿射空间下重建的点再提升到欧几里得空间（或度量空间）。度量空间与欧几里得空间差一个常数因子，由于分层三维重建仅仅靠图像进行空间点重建，没有已知的“绝对尺度”，所以从图像仅仅能够把空间点恢复到度量空间。

3. 摄像机自标定

所谓摄像机标定，狭义上讲，就是确定摄像机内部机械和光电参数的过程，如焦距、光轴与像平面的交点等。尽管相机出厂时都标有一些标准参数，但这些参数一般不够精确，很难直接在三维重建和视觉测量中应用。所以，为了提高三维重建的精度，需要对这些相机内参数进行估计。估计相机的内参数的过程，称为相机标定。在文献中，有时把估计相机在给定物体坐标系下的坐标，或相机之间相互之间的位置关系，称为相机外参数标定。但一般无明确指定时，相机标定就是指对相机内参数的标定。

（四）基于学习的视觉

基于学习的视觉，是指以机器学习为主要技术手段的计算机视觉研究。基于学习的视觉研究，文献中大体上分为两个阶段：21 世纪初的以流形学习为代表的子空间法和目前以深度神经网络和深度学习为代表的视觉方法。

1. 流形学习

正像前面所指出的，物体表达是物体识别的核心问题。给定图像物体，如人脸图像，不同的表达对于物体的分类和识别率不同。另外，直接将图像像素作为表达是一种“过表达”，也不是一种好的表达。流形学习理论认为，一种图像物体存在其“内在流形”，这种内在流形是该物体的一种优质表达。所以，流形学习就是从图像表达学习其内在流形表达的过程，这种内在流形的学习过程一般是一种非线性优化过程。

2. 深度学习

深度学习的成功，主要得益于数据积累和计算能力的提高。深度网络的概念 20 世纪 80 年代就已提出来了，只是因为当时深度网络性能还不如浅层网络，所以没有得到大的发展。目前计算机视觉颇有深度学习应用之势，从计算机视觉的三大国际会议：国际计算机视觉会议（ICCV）、欧洲计算机视觉会议（ECCV）和计算机视觉和模式识别会议（CVPR）近年来发表的论文中就可见一斑。目前的基本状况是，人们都在利用深度学习来“取代”计算机视觉中的传统方法，“研究人员”成了“调程序的机器”。

总的来说，计算机视觉在过去几十年中取得了巨大的进展，从简单的图像处理到复杂的目标识别和场景理解。深度学习的兴起为计算机视觉带来了革命性的变化，推动了许多应用领域的发展，有望在未来持续推动计算机视觉发展和演进。

第二节　计算机视觉的内容与特点

一、计算机视觉的内容

计算机视觉主要包含以下几个方面的研究内容。

（1）图像处理：对图像进行预处理，包括图像增强、降噪、滤波、边缘检测等技术，以提取出有用的特征和信息。

（2）特征提取与描述：通过各种算法和技术，从图像中提取出与目标相关的特征，如颜色、纹理、形状等，用于后续的识别和分类。

（3）目标检测与识别：通过训练机器学习模型或使用深度学习方法，对图像中的目标物体进行检测和识别，如人脸识别、车辆识别、物体检测等。

（4）图像分割：将图像分割成不同的区域或物体，以便更好地理解和处理图像中的内容，如语义分割、实例分割等。

（5）三维重建与场景理解：通过从多个视角获取的图像或视频数据，重建出三维场景或物体的几何结构和表面特性，实现对场景的理解和模拟。

二、计算机视觉的特点

计算机视觉具有以下几个特点。

（1）非接触性：计算机视觉可以通过摄像头或传感器等设备对图像或视频进行获取和处理，无需直接接触被测对象，这使得计算机视觉能够在很多领域中实现自动化和远程操作。

（2）大规模数据处理：计算机视觉需要处理大量的图像或视频数据。随着图像和视频采集设备的普及和技术的进步，计算机视觉可以同时处理多个图像或视频流，并从中提取有用的信息。

（3）高鲁棒性：计算机视觉在面对不同光照条件、噪声干扰、形状变化等环境因素时仍能保持稳定的性能，它能够适应不同场景和对象的变化，实现较高的识别率和准确性。

（4）实时性：计算机视觉在许多应用场景中都需要实时地进行图像处理和分析，以满足实时决策、监控和控制的需求。实时性是计算机视觉系统的重要指标之一。

（5）多学科交叉：计算机视觉是多学科交叉的领域，它涉及图像处理、模式识别、机器学习、计算机图形学等多个学科的知识。它借鉴了

生物学、神经科学和心理学中关于视觉感知和认知的理论，与人类视觉系统有一定的相似性。

（6）应用广泛：计算机视觉在许多领域都有广泛应用，如安全监控、智能交通、医学影像分析、工业自动化、农业技术等。它为这些领域提供了实时、自动、准确的视觉分析和决策支持。

尽管计算机视觉在很多方面已经取得了显著的进展，但仍然存在挑战和难题，如复杂场景的处理、多样化对象的识别、隐私和伦理问题等。随着技术的不断进步和研究的深入，计算机视觉有望在更多领域实现更加精准和智能化的应用。

第三节　计算机视觉的基础知识

计算机视觉算法处理的是图像或者视频，本节将对图像和视频中涉及的基础知识进行介绍。

一、数字图像

数字图像是通过离散化和数字化的方式，将现实世界中的连续图像转换为由像素数组组成的离散数据。在数字图像表示中，每个像素都具有特定的数值，表示该像素在图像中的亮度或颜色。以下是数字图像表示的几个重要概念。

（1）像素：图像被划分为一个个小的图像单元，称为像素，每个像素包含了图像上的一个点的亮度或颜色信息。像素的数量决定了图像的分辨率，即图像的细节程度。高分辨率的图像具有更多的像素，能够呈现更多的细节。

（2）灰度图像：灰度图像是最简单的数字图像表示形式，其中每个像素的值表示图像中对应位置的灰度级别。灰度级通常以 8 位表示，即 0 到 255 之间的整数，其中 0 表示黑色，255 表示白色。

（3）彩色图像：彩色图像使用 RGB（红、绿、蓝）颜色模型来表示。每个像素由三个分量（红、绿、蓝）组成，每个分量的取值范围通常为 0 到 255。通过不同分量的组合，可以生成各种颜色。

（4）色彩空间：色彩空间是一种用来描述和表示颜色的数学模型，常见的色彩空间包括 RGB、CMYK、HSV 等。在不同的色彩空间中，颜色的表达方式不同，可以根据需求选择合适的色彩空间。

（5）图像矩阵：图像可以通过矩阵来表示，其中每个元素代表像素的值。对于灰度图像，矩阵的维度与图像的宽度和高度相同；对于彩色图像，通常使用三维矩阵表示，其中维度分别对应于红、绿、蓝三个分量。

（6）图像压缩：由于数字图像数据通常很大，为了节省存储空间和传输带宽，常常需要对图像进行压缩。图像压缩可以通过无损压缩和有损压缩两种方式实现，前者保持图像的完整性，后者在一定程度上牺牲图像质量以减小文件大小。

数字图像表示是计算机视觉和图像处理的基础，在许多图像处理任务中起着重要的作用。理解和掌握数字图像表示的原理和技术对于处理和分析数字图像具有重要意义。

二、照相机成像模型

照相机成像模型是一种描述照相机成像原理的理论模型，它主要包括以下几个方面。

（1）光学系统：照相机成像模型认为光线通过透镜聚焦后，通过反射或透过传感器的光敏元件成像。

（2）光圈：照相机成像模型中，光圈是调节进入照相机的光线量的重要元素，通过调整光圈大小可以控制景深和曝光。

（3）曝光时间：照相机成像模型认为曝光时间是照相机捕捉光线的时间，影响成像亮度。

（4）传感器：照相机成像模型中，传感器是接收光线、并将光信号转换成数字信号的核心元件。

（5）图像处理：照相机成像模型中，图像处理通过对数字信号进行处理，来提高图像的质量和清晰度。

这些元素共同组成了照相机成像模型，通过对这些元素的控制和调整可以实现对图像的优化和升级。

三、传统计算机视觉方法基础知识

传统计算机视觉方法指使用非深度学习算法进行图像处理的方法，包括以下几个方面的基础知识。

（1）图像的表示：在计算机上，图像通常以像素矩阵的形式表示，每个像素包含该点的颜色或灰度值。图像的大小通常用像素数来描述，分辨率越高表示图像更清晰，但也意味着需要更多的计算资源来处理。

（2）图像的预处理：对于传统计算机视觉方法，图像预处理是至关重要的步骤。图像预处理包括颜色空间转换、图像锐化、图像平滑、二值化等操作，旨在帮助改善图像的质量，并提高识别的精度。

（3）特征提取：特征提取是从图像中抽取具有代表性的信息的过程，包括局部特征、全局特征等。在传统计算机视觉方法中，常用的特征提取方法有边缘检测、角检测、SIFT、HOG 等。

（4）物体检测和识别：物体检测和识别是计算机视觉中最具挑战性的问题之一，其常用算法包括基于特征的分类器、支持向量机（SVM）、卡尔曼滤波器和神经网络等。

（5）三维重建：三维重建是通过两个或多个二维图像恢复三维空间的过程，其中，视差法和三角法是最常见的方法。视差法基于不同视点的图像之间的像素差异，而三角法则通过测量多个视角下相同物体的角度来确定其位置。

（6）目标跟踪：目标跟踪是追踪一个在视频流中移动的物体的位置的过程，常见的算法包括卡尔曼滤波器、粒子滤波器等。

这些基础知识对于理解传统计算机视觉方法的原理和应用非常重要。

第四节　计算机视觉的部分应用领域

计算机视觉在许多领域都有广泛的应用，涉及领域有以下几方面。

（1）智能交通：计算机视觉被广泛应用于智能交通系统中，如车辆识别和跟踪、交通流量监测、自动车牌识别等，以提高交通效率和安全性。

（2）人机交互：计算机视觉技术可以实现人机交互的方式多种多样，如手势识别、面部表情分析、眼球追踪等，使得用户可以通过简单而直观的方式与计算机进行交互。

（3）医疗影像分析：计算机视觉在医疗领域中能够辅助医生进行疾病诊断和治疗，它可以用于医学影像的自动分析，如肿瘤检测、病变识别和医学图像配准等。

（4）工业自动化：计算机视觉技术可被应用于工业自动化，用作产品质量检测、机器人视觉引导、物体定位和跟踪等，以提高生产效率和减少人工错误。

（5）安防监控：计算机视觉在安防领域中能够实现视频监控、行为分析、人脸识别等功能，帮助提高公共安全和防止犯罪活动。

（6）增强现实（AR）和虚拟现实（VR）：计算机视觉技术在 AR 和 VR 应用中起着至关重要的作用，通过识别和跟踪物体，实现虚拟内容和真实世界的交互和融合。

（7）无人驾驶：计算机视觉是无人驾驶技术的核心组成部分，用于感知和理解周围环境，包括目标检测、车道线识别和障碍物避让等。

（8）农业和农村发展：计算机视觉可被用于农业领域，如植物病害检测、农作物生长监测、果实采摘等，以提高农业生产效率和质量。

除了以上列举的领域外，计算机视觉还在许多其他领域有着广泛的应用，如图像检索、文档分析、艺术与娱乐等。随着技术的不断进步，

计算机视觉的应用领域将继续扩展和创新。计算机视觉在生产和生活中具有广泛的应用，下面着重介绍以下几个应用领域。

一、智能机器人

智能机器人是计算机视觉的一个典型应用领域。计算机视觉作为智能机器人的“眼睛”，可以帮助机器人感知周围的环境，为机器人自动完成任务提供基础数据。典型的应用包括基于视觉的机器人定位、自动避障、视觉伺服以及自动装配等。

好奇号火星探测器是美国国家航空航天局（NASA）发射的第四个火星探测器，其上装备了 17 台相机，包括两对导航相机和四对避障相机，用于为火星车提供自主导航和避障功能（见图 1-4-1）。

图 1-4-1　好奇号火星探测器

视觉伺服是指通过光学的装置和非接触的传感器自动地接收和处理一个真实物体的图像，图像反馈的信息可以使机器的控制系统对机器做进一步控制或相应的自适应调整（见图 1-4-2）。

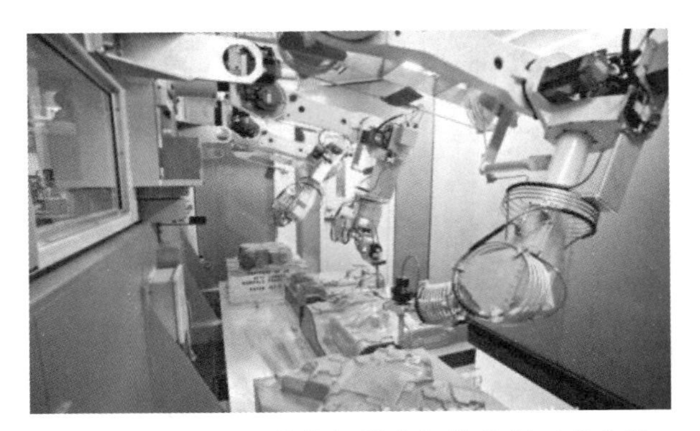

图 1-4-2　基于视觉的机器人伺服凸焊工艺方法

二、医学图像分析

医学图像分析也是计算机视觉的重要应用领域之一。医学图像中的成像方式包括X射线成像、计算机断层扫描（Computed Tomography，CT）成像、核磁共振成像及超声波检测（Ultrasonic Testing，UT）成像等。计算机视觉在医学图像方面的应用主要包括对医学图像进行增强及自动标记等处理来帮助医生进行诊断，协助医生对感兴趣区域进行测量和比较，对图像进行自动分割和解释，对各种病症图像进行分类和检索，基于所拍摄的图像进行三维器官重建及基于视觉的机器人手术等（见图1-4-3）。

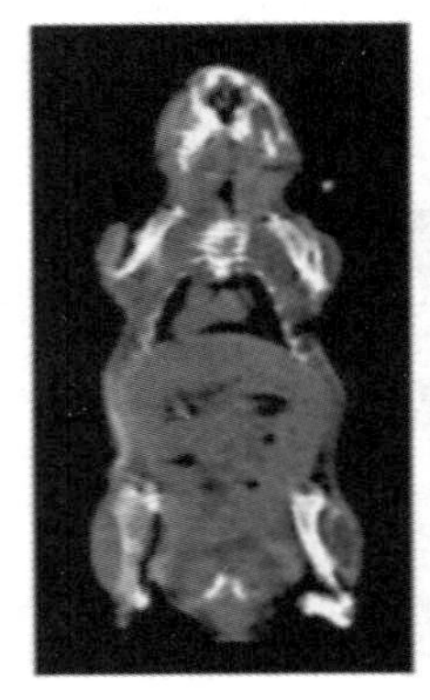

CT 成像

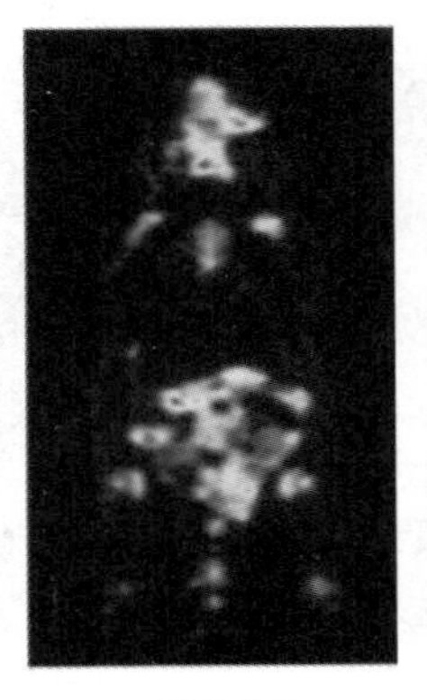

PET 成像

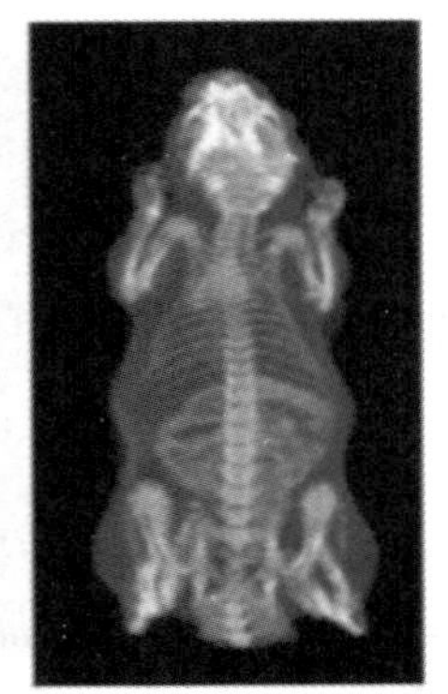

CT-PET 融合像

图 1-4-3　医学图像应用示例

三、日常应用

计算机视觉技术已经应用到了人们生活的各个方面。例如，现在的相机基本都带有人脸检测功能，可以自动检测人脸并自动调整焦距，从而获得清晰的人脸图像。此外，很多相机还带有微笑抓拍的功能，即自动检测人是否在笑，若检测到笑容则进行自动抓拍。苹果电脑的 MacoS 操作系统中的 Iphoto 软件提供了根据人脸来整理照片的功能，即自动检测每张照片中的人脸，并可以自动地将某个人的照片进行收集和整理。此外，目前的电脑和手机大多也提供了通过人脸识别登录的功能，而且，很多体感游戏可以让用户通过手势来与系统进行交互，以获得更好的游戏体验。

第二章　计算机视觉——图像分类

本章为计算机视觉——图像分类，主要介绍了四个方面的内容，依次是图像分类的种类与发展、基于词袋表示的图像分类、基于Fisher向量的图像表示方法、基于深度学习的图像分类。

第一节　图像分类的种类与发展

图像分类是计算机视觉领域的基础任务之一，在各种基于视觉的人工智能应用中，图像分类都扮演着重要的角色。例如，在智能机器人应用中，我们需要对所采集的视频中的每一帧进行主要物体的检测和分类，并以此作为进一步决策的基础。

一、图像分类的种类

图像分类顾名思义就是一个模式分类问题，它的目标是将不同的图像，划分到不同的类别，实现最小的分类误差。总体来说，单标签的图像可以分为跨物种语义级别的图像分类、子类细粒度图像分类以及实例级图像分类三大类别。

（一）跨物种语义级别的图像分类

所谓跨物种语义级别的图像分类，它是在不同物种的层次上识别不同类别的对象，比较常见的如猫、狗分类等。这样的图像分类，各个类

别之间因为属于不同的物种或大类，往往具有较大的类间方差，而类内则具有较小的类内误差。

（二）子类细粒度图像分类

细粒度图像分类，相对于跨物种的图像分类，级别更低一些。它往往是同一个大类中的子类的分类，如不同鸟类的分类、不同狗类的分类、不同车型的分类等。

下面以不同鸟类的细粒度分类任务，加利福尼亚理工学院鸟类数据库—2011，即 Caltech—UCSD Birds—200—2011 为例。这是一个包含 200 类、11 788 张图像的鸟类数据集，同时每一张图提供了 15 个局部区域位置，1 个标注框，还有语义级别的分割图。我们取其中两类各一张示意图查看（见图 2-1-1）。

图 2-1-1　细粒度分类示意图

从上图可以看出，两只鸟的纹理形状都很像，要想区分只能靠头部的颜色和纹理，所以要想训练出这样的分类器，就必须能够让分类器识别这些区域，这是比跨物种语义级别的图像分类更难的问题。

（三）实例级图像分类

如果我们要区分不同的个体，而不仅仅是物种类或者子类，那就是一个识别问题，或者说是实例级别的图像分类，最典型的任务就是人脸识别（见图 2-1-2）。

图 2-1-2　人脸识别

在人脸识别任务中，需要鉴别一个人的身份，从而完成考勤等任务。人脸识别一直是计算机视觉里面的重大课题，虽然经历了几十年的发展，但仍然没有被完全解决，它的难点在于遮挡、光照、姿态等经典难题，读者可以参考更多资料去学习。

二、图像分类的发展

图像分类是计算机领域的基础任务，也是检测、分割、追踪等任务的基石。简而言之，图像分类就是给定一张图片，判断其类别。一般而言，所有的候选类别都是预设的。

从数学上描述，图像分类就是寻找一个函数，将图片像素值转换为类别。对人类而言，丰富的先验知识让我们可以下意识地进行判断。而对于计算机，根据抽象的像素数值判断其分类并不容易。

在深度学习之前，其典型做法是先人工设计特征，再通过机器学习模型或浅层网络结构进行训练。特征的设计严重依赖于经验和试验，虽然提出了 HOG、SIF 等特征算子，但在图像分类上的准确率并不理想。

随着神经网络的训练变得可行，人们从繁琐的特征工程中解脱出来，可以让大参数量的模型来自己完成特征的抽取和分类工作。

在 2012 年的竞赛中，来自多伦多大学的团队首次使用深度学习方法，提出了 AlexNet 模型，一举将错误率降低至 15.3%，而传统视觉算法的性能已经达到瓶颈。

围绕着加大网络深度提升预测效果、降低 CNN 卷积核参数量、提升模型效率等关键命题，科学家们先后提出了 VGG、GoogLeNet、ResNet、EfficientNet 等具有里程碑意义的模型。

在 2020 年之前，绝大多数的图像分类模型均借助于 CNN 技术，其网络架构也相对固定，包含卷积核、残差、池化单元和线性层等基本模块。

从 2020 年起，在自然语言处理大放异彩的 Transformer 模型结构开始被引入计算机视觉领域，并凭借其优异的表现迅速风靡计算机视觉圈。

第二节　基于词袋表示的图像分类

词袋模型是自然语言处理与信息检索中的一种简化表示，这种方法不考虑语法和单词顺序，只计算单词（可以认为是句子中比较重要的词）的出现频率，将文本（如一句话或者一个文档）表示成以单词为容器值的直方图，就像用袋子将单词装起来一样失去顺序，因此叫作词袋。

词袋模型可以用来表示图像并进行图像分类，实现基于词袋模型的图像分类预测与搜索，大致要分为如下四步。

一、特征提取与描述生成

这里选择 SIFT 特征，SIFT 特征具有放缩、旋转、光照不变性等特性，同时兼有对几何畸变，图像几何变形的一定程度的鲁棒性，使用 Python OpenCV 扩展模块中的 SIFT 特征提取接口，就可以提取图像的 SIFT 特征点与描述子（见图 2-2-1）。

二、词袋生成

词袋生成，是在描述子数据的基础上，生成一系列的向量数据，最常见就是首先通过 K-Means 实现对描述子数据的聚类分析，一般会分成

100 个聚类，得到每个聚类的中心数据，就生成了 100 词袋，根据每个描述子到这些聚类中心的距离，决定它属于哪个聚类，这样就生成了它的直方图表示数据（见图 2-2-2）。

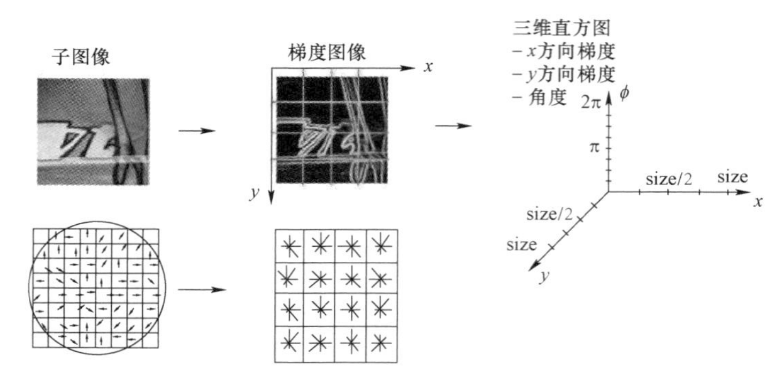

对每个特征点，周围 4×4 网格，每个网格 8 个指向，总结 4×4×8=128 维度特征向量，生成一个描述子，一张图像会生成很多个这样的描述子。

图 2-2-1　提取图像的 SIFT 特征点与描述子

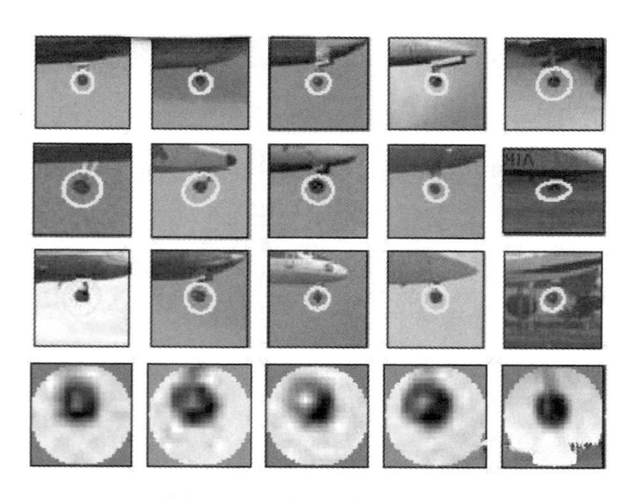

图 2-2-2　直方图表示数据

三、SVM 分类训练与模型生成

使用 SVM 进行数据的分类训练，得到输出模型，通过 Sklearn 的线性 SVM 训练实现分类模型训练与导出。

四、模型使用与预测

加载预训练好的模型，使用模型在测试集上进行数据预测，测试表明，这种方法对于一些简单的图像分类与相似图像预测都可以获得比较好的效果。

第三节　基于 Fisher 向量的图像表示方法

基于词袋表示和支持向量机的分类方法，在计算机视觉领域取得了巨大的成功。在基本的词袋模型基础上，研究人员采用不同的特征检测方法和不同的特征表示形式，对同货模型也进行了改进，在词袋表示中加入了空间信息，每一种特征检测方法和特征表示方法的组合都被称为一个“通道”，通过计算很多通道的估计结果并对这个估计结果进行融合，同袋模型可以达到很高的准确率。Pascal VCO 挑战赛中很多排名很高的算法都是使用这类方法，但是这类方法也存在一些问题。首先，大量通道的特征计算需要耗用大量的时间或空间，其次，非线性支持向量机的学习时间是 $N^2 \sim N^3$ 量级的（其中 N 是训练图像的数量），因此支持向量机在数据量大量增加的时候，它的训练时间耗费也会急剧增加，虽然线性支持向量机的学习时间是 N 量级的，有利于数据库扩展，但是线性支持向量机的识别准确率与非线性支持向量机相比并不高。

Fisher 向量不仅计算词典中单词出现的数量，而且还对特征的分布进行编码。Fisher 向量表示方法的计算流程能够将非线性表示融合到特征表示中，因此我们可以使用线性分类器对 Fisher 向量进行处理，从而缓解非线性分类器对数据库规模的限制。

Fisher 向量表示方法主要包含两个步骤：利用高斯混合模型（GMM）近似数据分布；利用 GMM 计算 Fisher 向量。

接下来，我们将详细介绍相关概念和公式以及进行 Fisher 向量表示的具体操作。

一、高斯混合模型

机器学习领域有两类主流的解决方案：一种是通过对数据特征空间进行建模（一般是概率模型）并通过训练数据计算最优的模型参数，称为生成模型；另外一种是定义目标函数，通过优化算法计算模型的参数得到基于训练数据的最优模型。高斯混合模型是进行特征空间建模的概率模型之一。高斯混合模型由几个高斯模型组成，假设高斯混合模型中包含 k 个高斯模型，并且它们的序号用 $k=\{1, \cdots, K\}$ 表示，每个高斯模型都有一个中值 μ，一个协方差 $\sum$ 和一个混合概率 π，所有高斯 π 相加为 1，即

公式 1：

$$\sum_{k=1}^{K}\pi_k = 1$$

则该高斯混合模型可以表示成

公式 2：

$$P(X=x)=\sum_{k=1}^{K}\pi_k N\left(x \mid \mu_k, \sum_k\right)$$

下面给出了一个高斯混合模型的例子，图中黑色的点是随机产生的 5 000 个二维数据点，利用 30 个高斯模型对这些数据进行近似，对这 30 个高斯模型根据其中值和协方差（可以理解成图中椭圆的扁平程度）进行可视化（见图 2-3-1）。

二、Fisher 向量

Fisher 向量同词袋表示形式一样，是表示图像的一种方法，需要按照一定的流程进行计算。Fisher 向量同词袋表示一样都需要首先提取局部特征，然后计算这些局部特征基于词典中的单词的分布。我们延续高斯混合模型中的例子使用的训练数据，即 5 000 个二维平面上的随机点，假设测试数据是随机产生 1 000 个点，利用对 5 000 个训练数据进行拟

合的 30 个高斯混合模型，计算需要表示的数据的中值和协方差偏差。

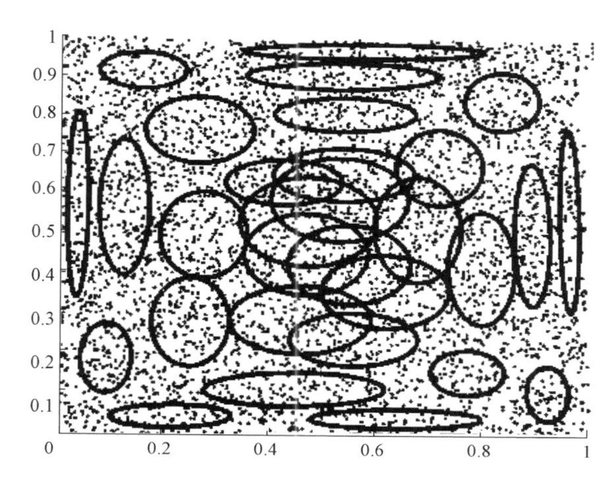

图 2-3-1　利用 k 值为 30 的高斯混合模型拟合 5 000 个随机产生的点

公式 3：

$$u_{jk}=\frac{1}{N\sqrt{\pi_k}}\sum_{i=1}^{N}q_{ik}\frac{x_{ji}-\mu_{jk}}{\sigma_{jk}}$$

公式 4：

$$v_{jk}=\frac{1}{N\sqrt{2\pi_k}}\sum_{i=1}^{N}q_{ik}\left[\left(\frac{x_{ji}-\mu_{jk}}{\sigma_{jk}}\right)^2-1\right]$$

N 代表一个训练数据中提取的特征总数，在图像分类问题中，它对应一幅图像中提取的特征总数；系数 q_{ik} 是当前的数据点 x_i；属于第 k 个高斯模型的概率。

公式 5：

$$q_{ik}=\frac{\exp\left[-\frac{1}{2}(\vec{x_i}-\mu_k)^{\mathrm{T}}\Sigma_k^{-1}(\vec{x_i}-\mu_k)\right]}{\sum_{t=1}^{K}\exp\left[-\frac{1}{2}(\vec{x_i}-\mu_t)^{\mathrm{T}}\Sigma_k^{-1}(\vec{x_i}-\mu_t)\right]}$$

其中，π_k 是第 k 个高斯模型的先验，即一个数据点属于这个高斯模型的概率。整个高斯混合模型中所有高斯模型的先验之和为 1，即

公式 6：

$$\sum_{k=1}^{K}\pi_k = 1$$

在计算得到所有数据的中值和协方差偏差之后，我们可以将数据表示成 Fisher 向量的形式，Fisher 向量的表示是对特征的所有维数都求数据中值偏差和协方差偏差，然后将所有结果表示成一个向量，即

公式 7：

$$\mathrm{FV}(I)^{\mathrm{T}} = [\cdots,\vec{u}_k,\cdots,\vec{v}_k,\cdots]$$

其中，$\bar{u}_k$ 是由 π_k 的所有 $j=1,2\cdots,D$ 组成的向量，j 表示的是特征的维数序号。

接下来，我们介绍一下如何利用 Fisher 向量对图像进行表示。

（1）对如图 2-3-2 所示的两幅猫的图像提取 Dense SIFT 特征，Dense SIFT 是对 SIFT 的特征的简化，可以认为是在一个分布在图像上的密集的网格位置上计算具有相同尺度和方向的 SIFT 特征，每个 SIFT 特征的维数为 128，从每幅图像中提取 10 000 个特征点，因此特征集合的维数为 $128\times 20\ 000$。

图 2-3-2　高斯混合模型的两幅训练图像

（2）用 64 个高斯组成的高斯混合模型去逼近特征分布。给定一幅新的图像，如图 2-3-3（a）所示，同样地从图像中提取 Dense SIFT 特征得到一个 $128\times 10\ 000$ 维的特征矩阵，然后将提取出来的特征利用上面介绍过的方法计算 Fisher 向量，得到最终的 Fisher 向量为 $16\ 384\times 1$ 维。

其中，这个 Fisher 向量的维数是特征向量的维数（128）、高斯混合模型中的高斯个数（64）和偏移量个数（中值和协方差共 2 个）的乘积。最终计算得到的 Fisher 向量我们取 16 384 维的前 100 维进行显示，显示结果如图 2-3-3（b）所示。

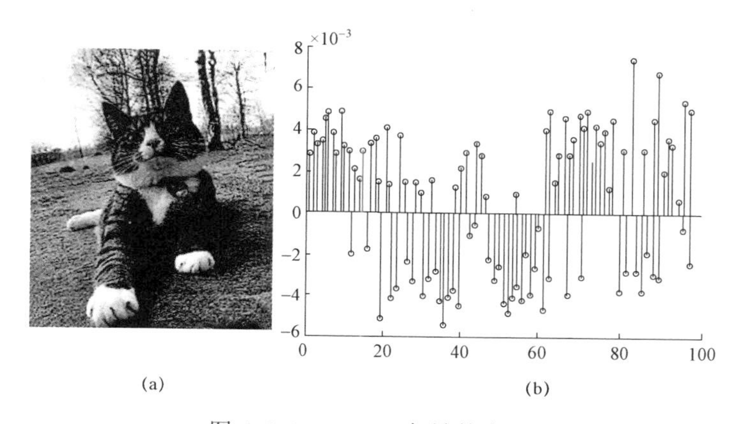

图 2-3-3　Fisher 向量的表示

（a）Fisher 向量表示的测试图像；（b）对测试图像的部分 Fisher 向量进行显示的结果

第四节　基于深度学习的图像分类

一、卷积神经网络

卷积神经网络是一种特殊的神经网络，用于处理具有网格结构的数据。它的设计灵感来自于生物学中的视觉系统，通过多层卷积和池化操作，CNN 可以从原始图像中提取出具有区分性的特征，以进行图像分类。

CNN 的基本结构包括卷积层、池化层和全连接层。卷积层通过卷积核对图像进行卷积操作，提取出图像中的特征。池化层通过对卷积层输出的特征图进行下采样，减小特征图的维度，从而减少计算量。全连接层将池化层输出的特征图展开为一维向量，并通过全连接操作将其映射到类别空间。

二、深度残差网络

深度残差网络是一种特殊的卷积神经网络，用于解决深度神经网络训练过程中的梯度消失问题。将它引入残差单元，可以使神经网络的深度增加到数百层，而提高图像分类的准确性和鲁棒性。

ResNet 的基本结构是残差单元，每个残差单元包括两个卷积层和一条跨越连接，跨越连接将输入直接添加到输出中，从而保留了输入的信息。这种设计可以有效地解决深度神经网络训练过程中的梯度消失问题，使神经网络可以更深，从而获得更好的图像分类性能。

三、卷积神经网络的变种

除了传统的卷积神经网络和深度残差网络之外，还有许多其他的变种，如全卷积网络、卷积神经网络和循环神经网络的结合、卷积神经网络和注意力机制的结合等。这些变种针对不同的应用场景，可以进一步提高图像分类的准确性和鲁棒性。

四、深度学习算法与传统算法的比较

深度学习算法与传统的特征提取加分类器的算法相比，有相似的地方，如词袋模型中通过底层特征对图像进行编码的过程与深度学习算法中卷积层作用类似，深度学习算法中的卷积层实际上也是提取底层特征然后编码的过程。不同之处在于，词袋模型中特征提取和表示过程都是预先定义好的，不能根据具体的问题或者设定的目标对这个过程进行监督或者优化，而深度学习模型中端到端的学习方式能够更好地结合具体的问题，对底层特征的提取和描述进行指导。

第三章　计算机视觉——图像语义分割

本章为计算机视觉——图像语义分割，分别介绍了五个方面的内容，依次是基于聚类的分割方法、基于边缘的分割方法、基于区域的分割方法、基于图论的分割方法、基于深度学习的分割方法。

第一节　基于聚类的分割方法

图像中的每个像素可以看作是高维特征空间中的一个点。如果使用颜色的三个通道的值来表示像素，那么每个像素就是三维空间中的一个点，使用颜色和坐标来表示像素，每个像素就是五维空间中的一个点。可以把这些点聚为不同的类，每一类具有某种相似的属性。如相似的颜色，或者相似的位置等，就实现了图像分割。

一、基于 K-means 的图像分割

基于 K-means 的图像分割方法与 K-means 聚类算法类似。首先，对图像中的每个像素建立特征表示（如使用颜色表示像素或者使用颜色加位置来表示像素）；其次，通过将图像中的所有像素通过 K-means 聚类算法聚为 K 类，从而实现将图像分割为 K 个区域。像素的特征表示对基于 K-means 的图像分割方法的影响很大，特别是当不同维度上的特征的取值范围差别很大时，取值范围大的特征将在聚类中起决定性作用，而取值范围小的特征将基本不起作用，使用二维特征（平面坐标）表示的

四个像素，当两个维度的取值范围相当时（如都使用 cm），聚类结果是分为左右两类；而当改变其第二维度的范围后（cm 变为 mm，相当于取值范围大了 10 倍），聚类结果分为上下两类，因此在使用基于 K-means 的图像分割方法时，需要对像素各个维度上的特征进行规范化处理，使各个维度上的特征具有相似的取值范围（见图 3-1-1）。

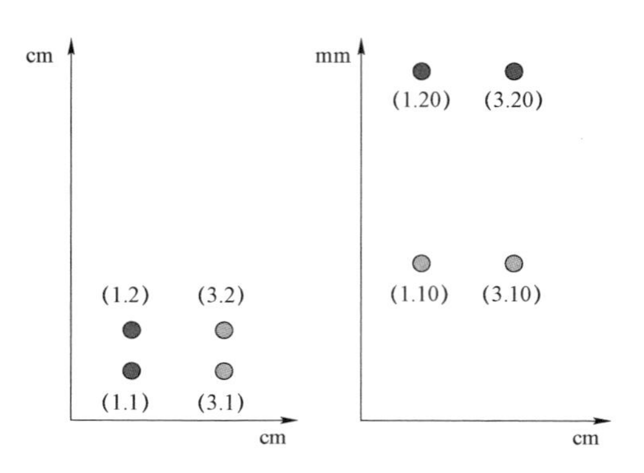

图 3-1-1　特征取值范围对聚类的影响

二、基于均值迁移的图像分割

均值漂移方法是 1975 年由福永和霍斯泰特勒提出的。基于均值漂移的图像分割方法的基本思想是将图像中的每个像素使用某种特征进行表示，然后每个像素就被映射到一个特征空间。在特征空间中进行聚类时，通常要使用一些假设。例如，基于 K-means 的方法需要假设聚类的个数已知，基于多高斯模型的方法需要假设类别的形状已知等，但是实际的数据可能并不满足这些假设。图 3-1-2（a）中的图像的像素映射到图 3-1-2（b）所示的 luy 特征空间后，无法使用 K-means 方法或者多高斯模型来聚类。对于这种情况下的聚类，需要使用无参数的方法，这是由于无参数的方法对特征空间没有进行假设。无参数方法分为两种：一种方法是前面提到的层次聚类和分裂聚类，而另一类方法则是密度估计。密度估计方法将特征空间看作是特征参数（如 luv 等）的概率密度函数，特征空间中的密集区域对应于概率密度函数的局部极值（见图 3-1-2）。

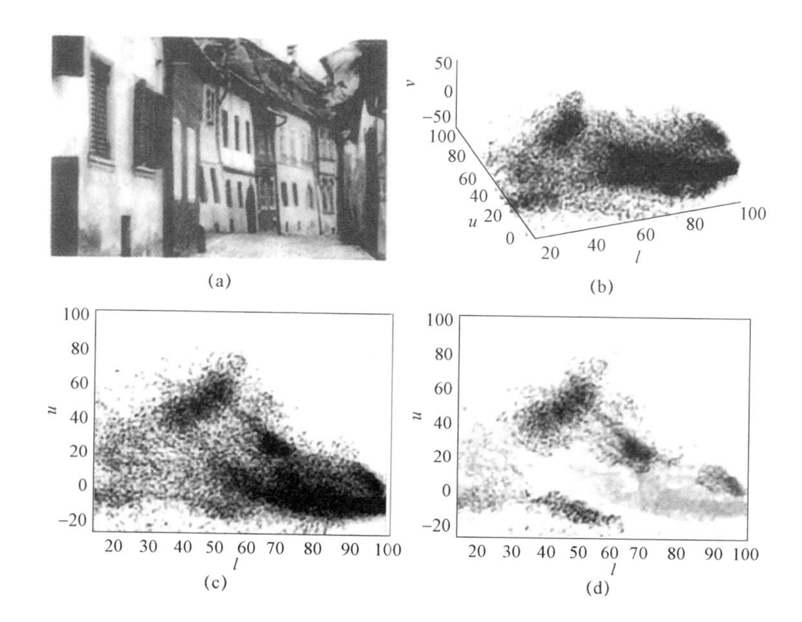

图 3-1-2 基于均值漂移的图像分割

（a）输入的彩色图像；（b）luv 空间中的像素分布；（c）luv 空间中的像素分布；（d）luv 空间中通过均值漂移得到的聚类结果

可以使用下面的函数作为概率密度函数。

公式 1：

$$f(x)=\frac{1}{n}\sum_{i=1}^{n}K(x_i-x;h)$$

式中，h 为参数；n 为样本的个数；K 为公式 2 所示的函数。

公式 2：

$$K(x;h)=\frac{(2\pi)^{(-d/2)}}{h^d}\exp\left(-\frac{1}{2}\frac{\|x\|^2}{h}\right)$$

其中，d 为像素特征向量的维数。K 的性质是将 K 放置在任何一点上，当该点周围的点很多时，K 值较大，否则较小。这个函数是一个密度函数，即该函数是非负数的，而且积分为 1。

引入公式 3：

$$k(u)=\exp\left(-\frac{1}{2}u\right)\text{以及 }C=\frac{(2\pi)^{-d/2}}{nh^d}$$

公式 1 可写为公式 4：

$$f(x)=C\sum_{i=1}^{n}k\left(\left\|\frac{x-x_i}{h}\right\|^2\right)$$

任意给定一个点 x_0，可以通过对密度函数求导，来找到其附近的极值点。

公式 5：

$$y^{(j+1)}=\frac{\sum_i x_i g\left(\left\|\frac{x_i-y^{(j)}}{h}\right\|^2\right)}{\sum_i g\left(\left\|\frac{x_i-y^{(j)}}{h}\right\|^2\right)}$$

来不断更新 y 值，其中 $g=\frac{\mathrm{d}}{\mathrm{d}u}k(u)$，此处具体推导过程略。当前后两次的 y 值变化小于给定阈值时，就找到了 x_0，此处 $y(^{\circ})=x_0$。

基于均值漂移的图像分割方法具体过程为：首先，对于图像中的每一个像素，计算其某种特征表示；其次，通过公式 5 得到其对应的极值点，对所有得到的极值点进行聚类；然后每一个像素划归其对应的聚类中心所属的区域即可。

第二节　基于边缘的分割方法

基于边缘检测的图像分割算法试图通过检测包含不同区域的边缘来解决分割问题，这种方法是人们最先想到也是研究最多的方法之一。通常不同区域的边界上像素的灰度值变化比较剧烈，如果将图片从空间域通过傅里叶变换到频率域，边缘就对应着高频部分，这是一种非常简单

的边缘检测算法，基于边缘分割的一般流程如下。

（1）确定起始边界点。

（2）选择搜索策略，并根据一定的机理依次检测新的边界点。

（3）设定终止条件，当搜索进程结束时使之停下来。

常见的边缘分割算法包括 Canny 算法、Sobel 算法、Prewitt 算法等。这些算法通常将图像转换为灰度图像，然后通过计算像素值之间的梯度或差异来找到边缘。这些算法通常需要对梯度或差异进行阈值处理，以区分边缘和噪声。

一、Canny 算子

Canny 算子是一种经典的边缘检测算法，它通过计算图像的梯度来检测边缘。该算法具有高精度、低误检和单一响应等优点，是计算机视觉中常用的边缘检测算法之一。

Canny 算子的主要步骤如下。

（1）噪声抑制：使用高斯滤波器平滑图像，以消除图像中的噪声。

（2）计算图像梯度：使用 Sobel 算子计算图像在 x 和 y 方向上的梯度。

（3）非极大值抑制：在梯度方向上，只有具有局部最大值的像素才会被认为是边缘像素。

（4）双阈值检测：将所有像素分为三类：强边缘、弱边缘和非边缘。如果像素的梯度值高于高阈值，则被认为是强边缘，如果低于低阈值，则被认为是非边缘。如果像素的梯度值介于两个阈值之间，则被认为是弱边缘，需要进一步处理。

（5）边缘连接：在保留强边缘的同时，将弱边缘与强边缘连接起来，形成完整的边缘。

Canny 算子可以应用于各种类型的图像，特别是具有复杂纹理和噪声的图像。

在 MATLAB 中，可以使用 edge 函数来实现 Canny 算子边缘检测。

实验截图如图 3-2-1 所示。

原始图像

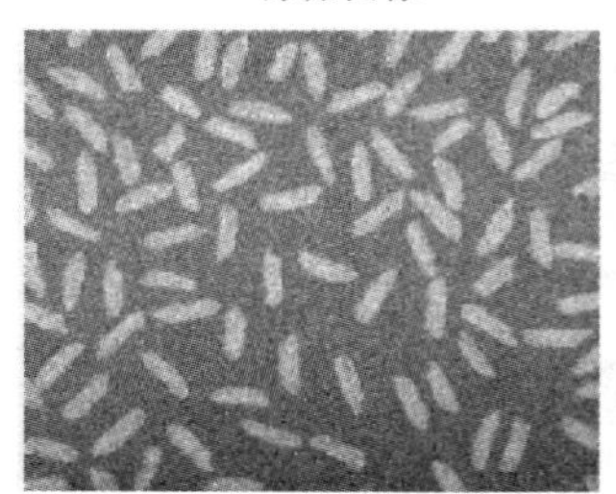

采用 Canny 算子提取的边缘

图 3-2-1　实验截图

二、Sobel 算子

Sobel 算子是一种用于图像边缘检测的算子，其原理是将一个二维的图像与一个 Sobel 算子进行卷积，从而得到图像的边缘信息。Sobel 算子可以分为水平和垂直两个方向，分别表示为 Sobel_x 和 Sobel_y。

在水平方向上，Sobel_x 的卷积核为：

$$\begin{bmatrix} -1 & 0 & 1 \\ -2 & 0 & 2 \\ -1 & 0 & 1 \end{bmatrix}$$

在垂直方向上，Sobel_y 的卷积核为：

$$\begin{bmatrix} -1 & -2 & -1 \\ 0 & 0 & 0 \\ 1 & 2 & 1 \end{bmatrix}$$

Sobel 算子是一种简单而有效的边缘检测算法，因为它可以很好地捕捉到图像中的梯度变化。Sobel 算子广泛应用于图像处理领域，例如边缘检测、图像锐化等。

实验代码：

```
%边缘检测
%Sobel 算子
Image=im2double(rgb2gray(imread('cat.jpg')));
```

```
subplot(2,2,1),imshow(Image),title('原始图像');
BW= edge(Image,'sobel');
subplot(2,2,2),imshow(BW),title('边缘检测');
H1=[-1 -2 -1;0 0 0; 1 2 1];
H2=[-1 0 1;-2 0 2;-1 0 1];
R1=imfilter(Image,H1);
R2=imfilter(Image,H2);
edgeImage=abs(R1)+abs(R2);
subplot(2,2,3),imshow(edgeImage),title('Sobel 梯度图像');
sharpImage=Image+edgeImage;
subplot (2,2,4), imshow(sharpImage), title('Sobel锐化图像');
```

实验结果如图 3-2-2 所示。

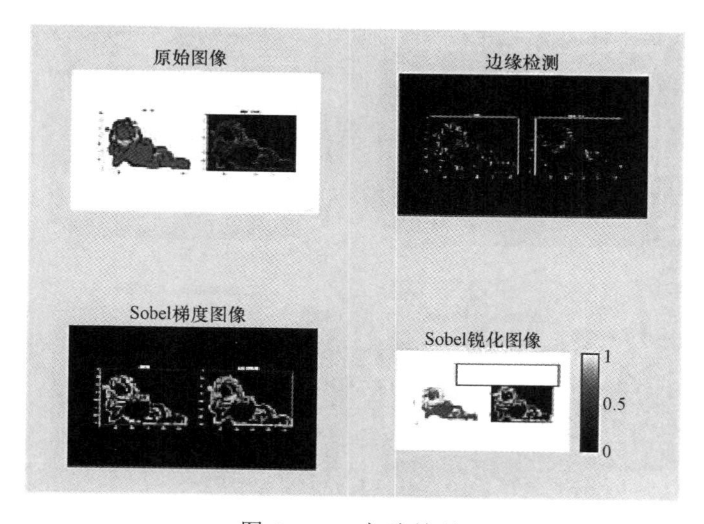

图 3-2-2　实验结果

三、Prewitt 算子

对于复杂的图像，采用 Roberts 算子不能较好地得到图像的边缘，需要采用更加复杂的 3×3 的算子，如 Prewitt 算子。Prewitt 算子是一种基于梯度的边缘检测算子，它可以用于图像中边缘的检测和分割。Prewitt 算子分为水平和垂直两个方向，分别计算图像中每个像素在这两个方向上的梯度，然后将其组合起来得到最终的边缘强度，其模板如下。

水平方向的 Prewitt 算子模板：

$$\begin{bmatrix} -1 & 0 & 1 \\ -2 & 0 & 2 \\ -1 & 0 & 1 \end{bmatrix}$$

$$\begin{bmatrix} -1 & 0 & 1 \\ -2 & 0 & 2 \\ -1 & 0 & 1 \end{bmatrix}$$

这两个模板可以通过卷积操作应用于图像中的每个像素，以计算其在水平和垂直方向上的梯度值。然后，可以根据计算出的梯度值来计算每个像素的边缘强度，通常是通过计算梯度幅值来实现的。最后，可以根据设定的阈值对边缘强度进行二值化，以得到最终的边缘分割结果。

同时，Prewitt 算子是一种线性算子，它对噪声比较敏感，因此在使用 Prewitt 算子进行边缘检测时，需要对图像进行预处理，如平滑处理，以降低噪声的影响。

实验代码：

```
I=imread('cameraman.tif');
I=im2double(I);
[J1,thresh]=edge(I,'prewitt',[],'both');
[J2,thresh]=edge(I,'prewitt',[],'horizontal');
[J3,thresh]=edge(I,'prewitt',[],'vertical');
figure('NumberTitle','off','Name','prewitt 算子进行边缘检测');
subplot(221);imshow(I);title('原始图像');
subplot(222); imshow(J1);title('采用 prewitt 算子进行边缘检测,
方向为水平和垂直');
subplot(223);imshow(J2);title('采用 prewitt 算子进行边缘检测,
方向为水平');
```

```
subplot(224); imshow(J3);title('采用 prewitt 算子进行边缘检测，方向为垂直');
```

实验结果如图 3-2-3 所示。

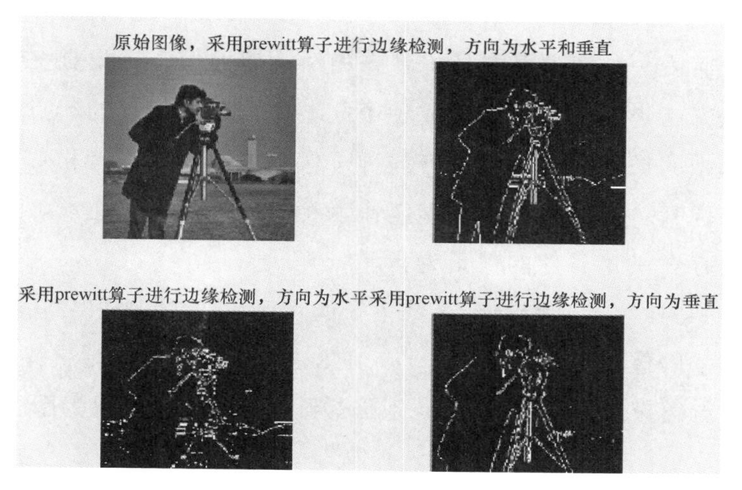

图 3-2-3　实验结果

第三节　基于区域的分割方法

在图像分割研究的早期，通常是基于图像分割的基本假设，即同一区域内的像素具有相似的视觉特征，而不同区域的像素具有不同的视觉特征，来进行图像分割。根据图像分割的基本假设，采用两类策略对图像进行分割，一类是利用图像中不同子区域内的相似性，即在图像的子区域内，像素通常具有某种性质的一致性，如具有一致的颜色、灰度或者纹理；另一类则是利用不同子区域间的不连续性，即不同子区域间存在信息的突变（即存在边缘）来进行图像的分割。通过边缘检测算法找到图像中可能的边缘点后，再把可能的边缘点连接起来形成封闭的边界，从而形成不同的分割区域。本节将主要介绍基于区域的图像分割方法。

与基于边缘的分割方法不同，基于区域的分割方法考虑的是在分割的子区域内部，像素应该具有相同或者类似的视觉特性。通过迭代将邻近的并且具有相似性质的像素或者区域进行合并来最终实现图像的分割。

一、区域生长法

区域生长法的基本思想是将具有相似性质的像素聚集到一起构成区域：首先，指定一个种子像素或种子区域作为区域生长的起点；其次，对其邻域中的像素进行判断，若与种子像素具有相同或者相似的性质，则合并该像素。新合并的像素继续作为种子向周围邻域生长，直到周围邻域不再存在满足条件的像素为止。

如图 3-3-1 所示，为一个区域生长的实例。如果以图 3-3-1（a）中间像素值为 4 的像素作为初始种子点，在 8 邻域内，生长准则是待测点像素值与生长点像素值的差别小于 2，那么最终的区域生长结果为图 3-3-1（b）所示。

2	4	0	1	1
2	2	9	5	2
7	6	(4)	5	9
3	7	5	5	6
3	8	6	7	6

（a）

2	4	0	1	1
2	2	9	(5)	2
7	6	(4)	(5)	9
3	7	(5)	(5)	(6)
3	8	(6)	(7)	(6)

（b）

图 3-3-1　一个区域生长的实例

（a）原始图像；（b）区域生长后的结果

区域生长法的优点在于实现简单，运行速度快，但是在区域间灰度变化比较平缓时，有可能将两个不同的区域合并为一个，造成分割的错误。

二、区域分裂与合并法

区域的分裂与合并法的假设是一幅图象经过分割得到的各个子区域是由一些相互连通的像素组成的，因此，从整个图像出发，不断分裂得到各个子区域，再把部分区域按照某种性质进行合并，实现最终的图像

分割。即先将图像分割成一系列任意不相交的区域，再对各个区域进行分裂或者合并。常用的图像的分裂和合并所使用的空间结构为四叉树（见图 3-3-2）。

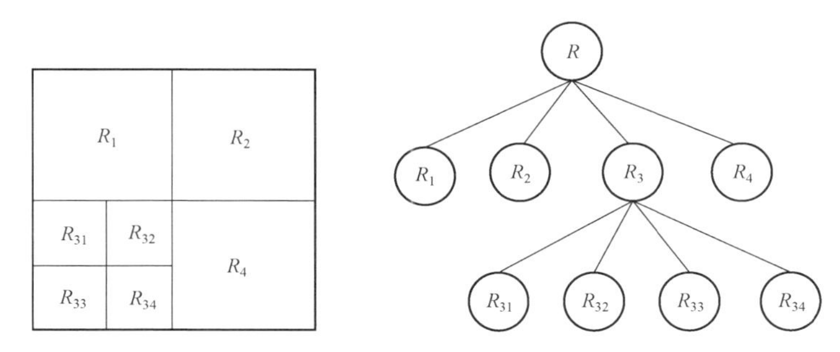

图 3-3-2 基于区域分裂的图像分割

定义一个一致性逻辑谓词 $P_{(R)}$，从整幅图像开始进行分裂，在分裂的过程中，若 $P_{(R)}$=TRUE，则认为区域 R 不需要进一步分割，否则将区域 R 分裂为四个部分，对每一个部分继续进行判断是否需要进行进一步的分裂。图 3-3-2 中将整幅图像分裂为四个部分，其中，第三部分 R_3，又进一步分裂为 R_{31} ～ R_{34}。在合并过程中，若两个区域合并后 $P(R_i \cup R_j)$ = TRUE，则对这两个区域进行合并，否则不进行合并。

区域分裂与合并法的关键是分裂与合并准则的设计，即逻辑谓词 P 的设计。

三、分水岭算法

分水岭算法是 1991 年由文森特提出的，是一种基于拓扑理论的数学形态学的分割方法，其基本思想是把图像看作是测地学上的拓扑地貌。图像中的每个像素的灰度值表示该点的海拔高度，每个局部极小值及其影响区域称为积水盆地，积水盆地的边界形成分水岭，通过分水岭可以把图像分割为不同的区域。分水岭形成过程可以通过模拟浸入来说明。在每个局部极小值处，刺一个小孔，然后把整个模型慢慢浸入水中，水将会通过小孔渗入形成积水盆地。随着浸入的加深，每个局部极小值形成的积水盆地慢慢向外扩展，在两个积水盆地的汇合处构筑堤坝，防止两个积水盆地合并为一个大的盆地，所构建的堤坝就是分水岭（见图 3-3-3）。

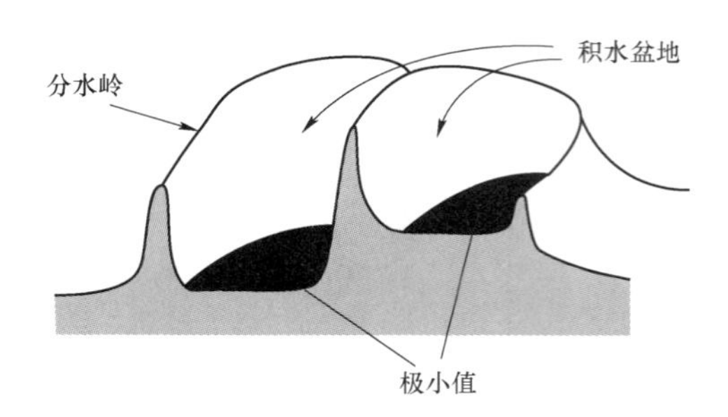

图 3-3-3 分水岭算法示意

设图像中的最小像素值为 v_{min}，最大像素值为 v_{max}，因此分水岭算法的具体过程为：从像素值 $k=v_{min}$ 开始，直到 $k=v_{max}$，对每一个具有像素值 k 的像素进行判断。若其只和一个区域相邻，则将这个像素加入该区域；若其与多于一个区域相邻，则标记该像素为边界（分水岭）；若该像素不与任何一个区域相邻，则创建一个新的区域。

如图 3-3-4 所示，为分水岭分割算法。图 3-3-4（a）为一幅 3×3 的图像。使用四邻域，从像素值为 0 的像素开始，由于其不与任何一个区域相邻，因此建立一个新的区域 R_1，像素值为 1 的像素由于只和 R_1，相邻，因此加入 R_1；像素值为 2 的像素不与任何一个区域相邻，因此建立第二个区域 R_2；像素值为 3 的像素也加入 R_2；像素值为 6 和 7 的像素就是分水岭。分割结果如图 3-3-4（b）所示。

0	1	6
1	7	3
6	3	2

(a)

0	1	6
1	7	3
6	3	2

(b)

0	1	2
1	3	7
3	6	7

(c)

图 3-3-4 分水岭分割算法实例

分水岭算法对于变化平缓的图像会存在问题。例如，对于图图 3-3-4（c）

中的图像，采用分水岭算法将会只得到一个区域。此时可以先对图像求梯度，然后再在梯度图像上使用分水岭算法进行分割。

分水岭算法在计算量上具有一定的优势，适合需要实时处理的场合，而且其可以获得一条闭合的分割曲线，便于进行后续的处理，但是这种算法对于噪声非常敏感，而且容易产生过分割。因此解决方法为在进行分水岭算法之前，对图像进行滤波，以尽量去除噪声。另外，也可以通过手工设定种子点，只在种子点上运行分水岭算法来解决过分割的问题。

第四节　基于图论的分割方法

基于图论的图像分割是根据图像建立一个图模型，每个像素作为图的一个顶点，像素之间以边进行连接。边的权重表示相连的两个像素的相似程度，两个像素越相似，对应的边的权重越大。边的连接方式包括以下三种。

（1）全连接：任意两个像素之间都有边相连。全连接的复杂度过高，在实际使用时一般无法使用。

（2）相邻像素连接：只有相邻（8 近邻或 4 近邻）的像素之间才有边相连。相邻像素连接方式的计算速度快，但是只能表示非常局部的关系。

（3）局部连接：在一定邻域内的像素之间都有边相连，是上述两种方法的折中，兼顾了计算速度和像素之间的关系。

边的权重可以通过公式 1 计算。

公式 1：

$$\mathrm{aff}(\boldsymbol{x},\boldsymbol{y})=\exp\left(-\frac{1}{2\sigma_d^2}\|f(\boldsymbol{x})-f(\boldsymbol{y})\|^2\right)$$

其中 $f(x)$ 可以是像素 x 的位置特征、灰度特征、颜色特征以及纹理特征等。

给定一幅图像，可以建立一个图 $G=\{V, E, W\}$，其中 V 为顶点集合，表示图像中的所有像素；E 为边的集合；W 为顶点之间的相似矩阵，表示的是边的权重。建立图后，可以通过把图中的顶点分为不同的部分，相当于将顶点对应的像素分为不同的部分来实现图像的分割。划分时尽量使得同一部分中的顶点（像素）之间彼此相似，而不同部分的顶点之间差异较大，下面以把图中的顶点分为两部分为例进行说明。通过移除图中的一些边，可以把图分为 A 和 B 两部分，并且 A 和 B 的并集是整个图，A 和 B 的交集是空集。这两部分之间的不相似性可以通过所移除边的权重之和来表示，在图论中称为割。

公式 2：

$$\mathrm{cut}(A,B)=\sum_{u\in A,v\in B} w(u,v)$$

即将图分为 A 和 B 两部分，所有连接 A 和 B 的边的权重之和为割的值，因此最优的分割是最小割对应的划分。这是由于两个像素越相似，其对应的边的权重越大，因此要使连接不同部分之间的边的权重之和最小，就是要求处于不同部分中的顶点之间的差别最大，但是最小割会倾向于将图分为包含很少的顶点的部分。由割的定义可以看出，当某个部分包含较少的顶点时，该部分与其他部分连接的边也会相应较少，从而使最小割对应的划分倾向于划分出包含很少顶点的部分（见图 3-4-1）。

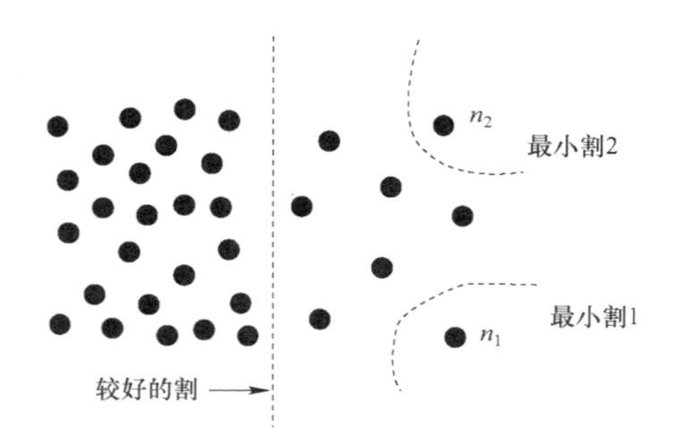

图 3-4-1　最小割导致将图像分割为很小的部分

将顶点 n_1（n_2）单独划分为一个部分，得到的割的值要小于所期望的

将顶点分为左右两部分的割。

因此可以使用 Normalized Cut 进行图像分割，将其定义为

公式 3：

$$\mathrm{Ncul}(A,B)=\frac{\mathrm{cut}(A,B)}{\mathrm{assoc}(A,V)}+\frac{\mathrm{cut}(A,B)}{\mathrm{assoc}(B,V)}$$

其中 $\mathrm{assoc}(A,V)$ 为

公式 4：

$$\mathrm{assoc}(A,V)=\sum_{u\in A,t\in V} w(u,v)$$

$\mathrm{assoc}(A,V)$ 表示了有一个端点在 A 中的所有的边的权值之和。当某个割将图分为两部分，两部分之间的边较少且具有较低的权重，且每部分内部的边具有较高权重时，其对应的 Ncut 的值较小，通过寻找具有最小值的 Ncut，可以实现有效的图像分割。

第五节 基于深度学习的分割方法

一、图像分割算法分类与介绍

基于深度学习的图像分割算法主要分为两类。

（一）语义分割

为图像中的每一个像素分配一个类别，如把画面中的所有物体都指出它们各自的类别。语义分割用类别标签标记图像中的每个像素不区分实例，只关心像素（见图 3-5-1）。

（二）实例分割

实例分割：与语义分割不同，实例分割只对特定物体进行类别分配，这一点与目标检测有点相似，但目标检测输出的是边界框和类别，而实例分割输出的是掩膜和类别。

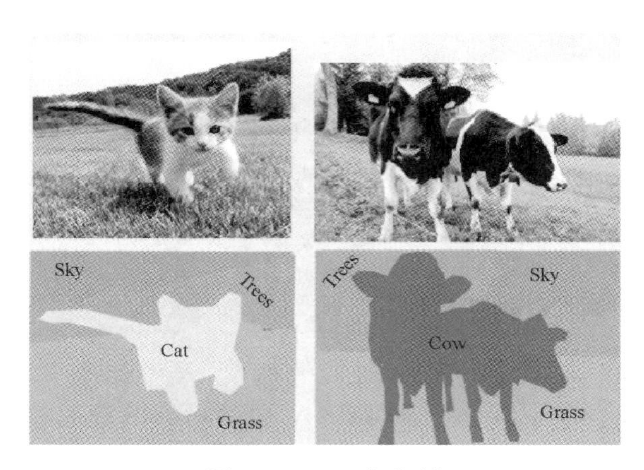

图 3-5-1 语意分割

二、FCN 网络结构

对于一般的分类 CNN 网络，如 VGG 和 ResNet，都会在网络的最后加入一些全连接层，经过 Softmax 后就可以获得类别概率信息。但是这个概率信息是 1 维的，即只能标识整个图片的类别，不能标识每个像素点的类别，所以这种全连接方法不适用于图像分割。

而 FCN 提出可以把后面几个全连接层都换成卷积层（卷积化），这样就可以获得一张二维的 Feature Map，后接 Softmax 层获得每个像素点的分类信息，从而解决分割问题。

FCN 对图像进行像素级的分类，从而解决了语义级别的图像分割问题。与经典的 CNN 在卷积层之后使用全连接层得到固定长度的特征向量进行分类（全连接层 + Softmax 输出）不同，FCN 可以接受任意尺寸的输入图像，采用转置卷积层对最后一个卷积层的 feature map 进行上采样，使它恢复到输入图像相同的尺寸，从而可以对每个像素都产生了一个预测，同时保留了原始输入图像中的空间信息，最后在上采样的特征图上进行逐像素分类。

通常 CNN 网络在卷积层之后会接上若干个全连接层，将卷积层产生

的特征图映射成一个固定长度的特征向量。以 AlexNet 为代表的经典 CNN 结构适用于图像级别的分类和回归任务，因为它们最后都得到整个输入图像的一个概率向量。

（一）全连接层和卷积层相互转化

全连接层和卷积层之间唯一的不同就是卷积层中的神经元只与输入数据中的一个局部区域连接，并且在卷积列中的神经元共享参数。然而在两类层中，神经元都是计算点积，所以它们的函数形式是一样的。因此，将两者互相转化是可能的。

（1）对于任一个卷积层，都存在一个能实现和它一样的前向传播函数的全连接层。权重矩阵是一个巨大的矩阵，除了某些特定块，其余部分都是零。而在其中大部分块中，元素都是相等的。

（2）任何全连接层都可以被转化为卷积层。如 VGG16 中第一个全连接层是 25 088 × 4 096 的数据尺寸，将它转换为 512 × 7 × 7 × 4 096 的数据尺寸，即一个 K = 4 096 的全连接层，输入特征图的尺寸是 7 × 7 × 512，这个全连接层可以被等效地看作一个 F = 7、P = 0、S = 1、K = 4 096 的卷积层。换句话说，就是将滤波器的尺寸设置为和输入特征图的尺寸一致 7 × 7，这样输出就变为 1 × 1 × 4 096，本质上和全连接层的输出是一样的。

输出激活特征图深度是由卷积核的数目决定的（K=4 096）。

在两种变换中，将全连接层转化为卷积层在实际运用中更加有用。假设一个卷积神经网络的输入是 227 × 227 × 3 的图像，一系列的卷积层和下采样层将图像数据变为尺寸为 7 × 7 × 512 的激活特征图，AlexNet 的处理方式为使用了两个尺寸为 4 096 的全连接层，最后一个有 1 000 个神经元的全连接层用于计算分类评分。我们将这三个全连接层中的任意一个转化为卷积层。

（1）第一个连接区域是［7 × 7 × 512］的全连接层，令其滤波器尺寸为 F = 7、K = 4 096，这样输出特征图就为［1 × 1 × 4 096］。

（2）第二个全连接层，令其滤波器尺寸为 $F=1$、$K=4\ 096$，这样输出特征图为［1×1×4 096］。

（3）最后一个全连接层也做类似的变换，令其 $F=1$、$K=1\ 000$，最终输出为［1×1×1 000］。

那么就出现一个问题，为什么要进行全连接层和卷积层的转换呢？

因为如果是全连接层，那么输入的图像大小是要固定的，这就使得训练网络的前期工作十分耗时。而如果用卷积层代替了全连接层之后，可以使得卷积在一张更大的输入图片上移动，可以获取更多的特征。

那么为什么只要有全连接层，输入的图片大小就是固定的呢？

首先，对于 CNN 来说，一幅输入图片在经过卷积和 Pooling 层时，这些层是不关心图片大小的。比如对于一个卷积层，输出大小=（输入大小-卷积核大小）/步长＋1，输出尺寸多大并不重要，对于一个输入尺寸大小的输入 Feature Map，卷积操作后输出尺寸的 Feature Map 就行。对于 Pooling 层也是一样的道理。但在进入全连接层之后，Feature Map（假设 x×x）要拉成一条向量，而向量中每个元素（共 x×x 个）作为一个节点都要与下一层的所有节点（假设 4 096 个）全连接，这里的权值个数是 4 096×x×x。我们知道神经网络结构一旦确定，它的权值个数都是固定的，所以这个 x 不能变化，x 是前一个卷积层的输出大小，所以层层向前倒推，每个输出大小都要固定，因此输入图片大小要固定。

（二）把全连接层的权重 W 改成卷积层的 filter 的好处

这样的转化可以在单个前向传播过程中，使得卷积网络在一张更大的输入图片上滑动，从而得到多个输出（可以理解为一个 Label Map）。

例如我们想让 224×224 尺寸的浮窗，以步长为 32 在 384×384 的图片上滑动，把每个停经的位置都带入卷积网络，最后得到 6×6 个位置的类别得分，那么通过将全连接层转化为卷积层之后的运算过程为：

如果 224×224 的输入图片经过卷积层和下采样层之后得到了［7×7×512］的数组，那么，384×384 的大图片直接经过同样的卷积层和下采样层之后会得到［12×12×512］的数组，然后再经过上面由 3 个全连接层转化得到的 3 个卷积层，最终得到［6×6×1 000］的输出［（12－7）/1＋1＝6］，这个结果正是浮窗在原图停经的 6×6 个未知的得分。

第四章　深度学习与图像识别

深度学习在图像识别领域有着重要的应用和突破。本章为深度学习与图像识别，依次介绍了图像识别概述、深度学习框架、神经网络、卷积神经网络、循环神经网络五个方面的内容。

第一节　图像识别概述

图像识别是指利用计算机对图像进行处理、分析和理解，以识别各种不同模式的目标和对象的技术。图像识别是计算机视觉中重要的一个应用，它的目标是使机器如同人一样能够通过接收图像输入理解它所“看到”的内容。对计算机视觉算法来说，一般包含特征感知、图像预处理、特征提取、特征筛选、推理预测与识别这重要的五步。

一、图像识别简介

早期的图像识别技术有全局特征提取、特征变换、索引、局部特征提取等。

全局特征提取使用全局的视觉底层特性（颜色特征、形状特征、纹理特征）表示图像（见图 4-1-1、图 4-1-2）。

局部特征提取包含特征检测和特征描述。特征检测可通过检测图像区块中心位置的稳定性和重复度来判定，常用的方法有 Harris、DoG、SURF、Harris—Affine，Hessian—Affine、MSER 等；特征描述常用的方

法有 PCA—SIFT、GLOH、Shape Context、ORB、SIFT 等。此外，局部特征也可转为视觉关键词，应用在图像检索引擎中，进行图像搜索。

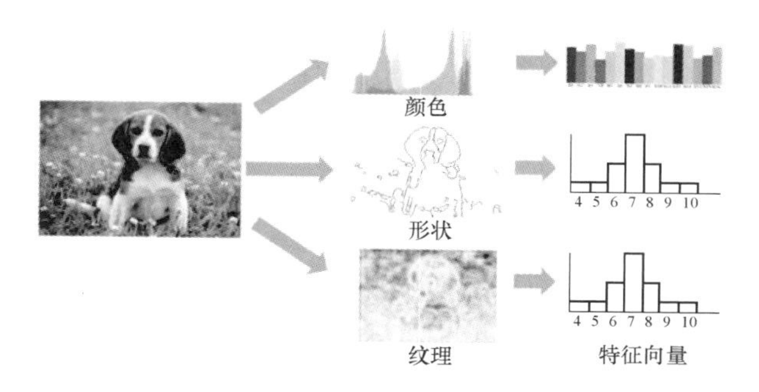

图 4-1-1　图像特征表示

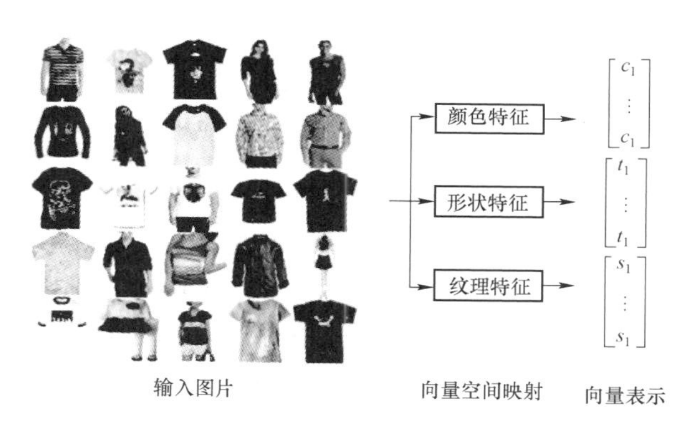

图 4-1-2　图像向量空间表示

特征变换：通过空间特征变换使得相似的物体在空间中距离变近，不相似的物体距离变远（见图 4-1-3）。

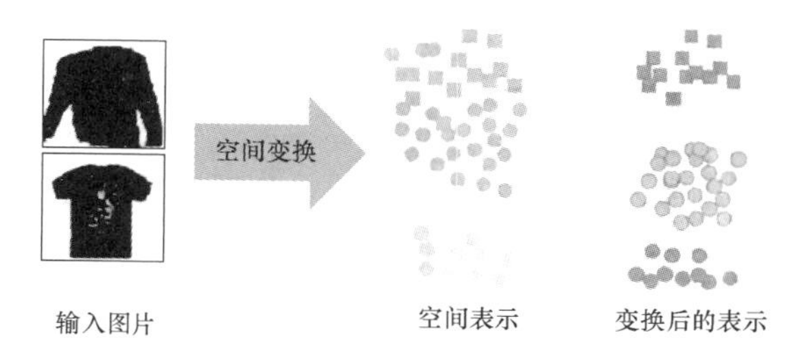

图 4-1-3　图像空间变换表示

当前，深度学习已经成为图像识别技术不断发展的最新推动力，在大规模数据集、新型模型和可用的大量计算资源的推动下，图像识别任务的完成度已经超越传统的图像特征方法。计算机在图片数字表示矩阵的基础上，通过网络学习算法对图像进行识别理解，已经成为重要技术（见图 4-1-4）。

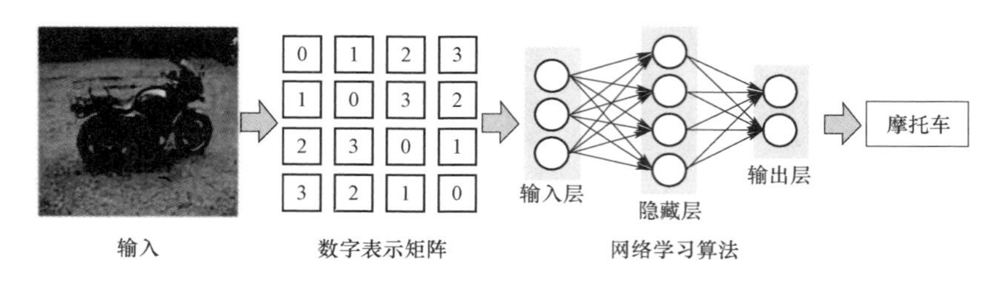

图 4-1-4　图像识别基本过程

当前图像识别任务仍面临诸多挑战，例如，如何提高模型的泛化能力、如何利用小规模和超大规模数据、如何理解场景等，模型泛化能力的适应性与数据紧密相关，在训练模型时，数据集被随机划分为训练集和测试集，模型也相应地在此数据集上被训练和评估。通常假设测试集拥有和训练集一样的数据分布，因为它们都是从具有相似场景内容和成像条件的数据中采样得到的。但在实际应用中，尤其是自动驾驶领域，测试图像或许会有不同于训练时的数据分布。这些未曾出现过的数据可能会在视角、大小尺度、场景配置、相机属性等方面与训练数据不同，最终使得模型的泛化能力受到限制。

利用小规模和超大规模数据学习是图像识别的常态操作，尤其是少样本学习（Few—Shot Learning）的问题。例如，家庭机器人识别新物体时，只需向它展示新物体，且只展示一次，之后它便可以识别这个物体。而对于自动驾驶这样的领域，其具有超大规模的数据集，该数据集包含了数以亿计的带有丰富标注的图像，如何利用这些数据使模型的准确度得到显著提高，如何使得模型的性能不下降，这些都是图像识别深度学习模型需要解决的难点。

除了识别和定位场景中的物体之外，推断物体和物体之间的关系、部分到整体的层次、物体的属性和三维场景布局等场景理解也非常重要。场景理解对机器人交互、人机交互应用具有重要作用，因为这些应用通常需要物体标识和位置以外的辅助信息。这个任务不仅涉及对场景的感知，还涉及对现实世界的认知。要实现这一目标，我们还需要语义识别，语义识别通常会面临语义鸿沟（Semantic Gap）现象，即由于计算机获取的图像视觉信息与用户对图像理解的语义信息不一致而导致的低层和高层检索需求间的距离，通常为图像的底层视觉特性和高层语义概念之间的鸿沟。如图 4-1-5 所示为视觉特性（颜色、纹理、形状、背景等）相似但语义概念不同的情况。如图 4-1-6 所示为视觉特性（视角、大小、光照等）不相似但语义概念相同的情况。

   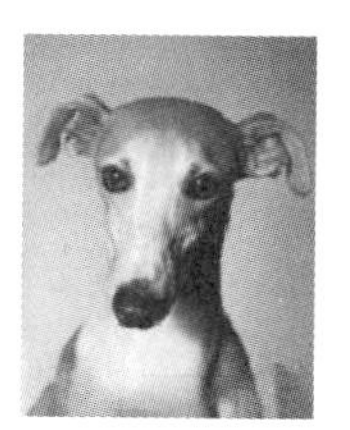

图 4-1-5 视觉特性相似但语义概念不同的情况

图 4-1-6 视觉特性不相似但语义概念相同的情况

在实践中，图像识别真实目标通常会将语义概念相似的图像划分到同一类别，图像识别的框架由输入（测量空间）、特征空间、类别空间（标签空间）三部分组成（见图 4-1-7）。

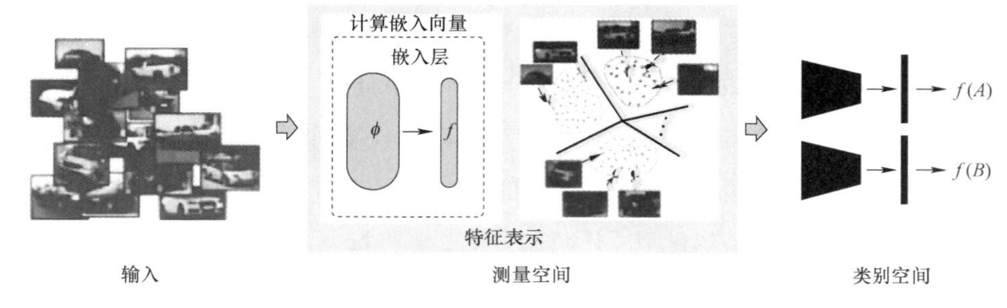

图 4-1-7　图像识别基本框架

二、深度学习与图像识别

早期的图像识别方法有主成分分析法、拉普拉斯特征图法、局部保值映射法、稀疏表示法、神经网络降维法等。但是，由于传统技术在图像识别核心任务上主要是通过“人工特征提取+分类器”的方式来完成的，这使得图像识别效果并不理想。随着深度学习技术的发展，人们将深度学习新技术应用到图像识别中，在当前图像识别的四大类任务（图片分类、目标检测、语义分割、实例分割）中有了广泛的应用，使得图像的识别效率及识别效果相比于传统的识别技术有了较大的进步。深度学习因其具有提取特征能力强、识别精度高、实时性强等优点，被广泛应用在人脸识别、医学图像识别、交通识别、语音识别、字符识别、自然语言处理、多尺度变换融合图像、物体检测、图像语义分割、实时多人姿态估计、端到端的视频分类、视频人体动作识别等领域。

深度学习在图像识别领域获得成功以 2012 年 Geoffrey Hinton 提出的 AlexNet 图像识别网络为典型分界线[①]，在此之后深度学习的研究进入热潮，也使得当前的深度学习框架都支持图像处理功能。为什么深度学习会先在图像识别领域获取成功？其原因可能是深度学习模仿了人类的视觉系统。最早由 1981 年的诺贝尔医学奖得主胡贝尔和威塞尔研究发

① [日] 木村优志. Python 深度学习入门：从基础知识到实践应用 [M]. 贾哲朴，译. 北京：机械工业出版社，2022.

现，人视觉系统的信息处理在可视皮层是分级的，大脑的工作过程是一个不断迭代、不断抽象的过程。视网膜在得到原始信息后，首先，经由区域 V1 初步处理得到边缘和方向特征信息；其次，经由区域 V2 进一步抽象得到轮廓和形状特征信息。如此迭代地进行更多更高层的抽象后得到更为精细的分类，即信息输入到视觉神经→视觉中枢→大脑。在人脑视觉机理中，人在视感觉阶段的图像信息采集是通过眼球完成的，在此过程中输入是通过视觉神经脉冲完成的；在视知觉阶段的信息认知是通过大脑的纹外视觉皮层传输到海马体，完成长短时记忆的存储。例如，识别气球的完整经历为：摄入原始信号（瞳孔摄入像素），接着做初步处理（大脑皮层某些细胞发现边缘和方向），然后抽象（大脑判定眼前物体的形状，是圆形的），最后进一步抽象（大脑进一步判定该物体是气球）。

在上述视觉机理的基础上，模拟由低层到高层逐层迭代的抽象的视觉信息处理机理，建立了深度网络学习模型。深度网络的每层代表可视皮层的区域，深度网络每层上的节点代表可视皮层区域上的神经元，信息由左向右传播，其低层的输出为高层的输入，逐层迭代进行传播。模拟人脑视觉处理信息机理的深度网络其主要目的是通过对历史数据的逐步学习，将历史数据的经验存储在网络中，且经验伴随学习次数的增多而不断丰富。从深度网络的结构可以看到高层神经元的输入来自低层神经元的输出，同层神经元之间没有交互。若输入层为输入数据的特征表示，则可以理解为高层的特征是低层特征的组合，即从低层到高层的特征表示越来越抽象的人类视觉系统信息处理过程。

三、图像识别中深度学习的应用

前面已经讲述了，深度学习作为机器学习的一个分支，其核心是通过训练数据学习找到一个函数，并用此函数对新的未知数据进行应用。同样，图片识别中引入深度学习的主要目的是通过训练数据，寻找一个最优函数或模型，提高图片的识别率（见图 4-1-8）。

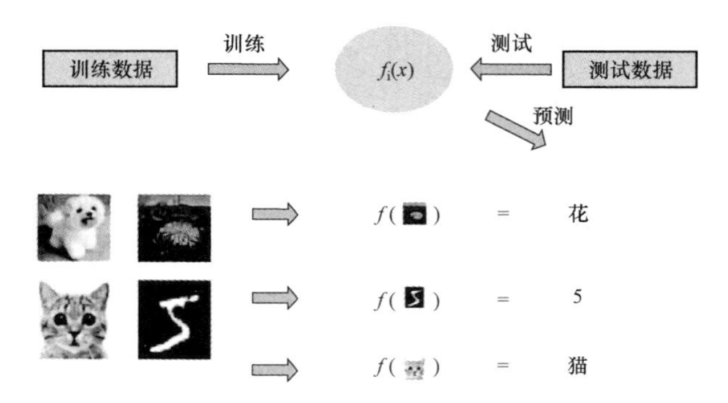

图 4-1-8　图像识别函数寻找过程示意

上述最优函数的寻找过程，可以分为有监督的学习、无监督的学习、半监督的学习三类。有监督的学习是从有标签的训练数据集中学习出最优函数的过程。训练数据由一组训练实例组成，每一个例子都有一个输入对象和一个期望的输出值。在图像识别中，输入对象通常为一张图片，输出值为图片的标签。

在图像识别中利用深度学习寻找最优函数的过程可以表示为确定函数集合和函数参数学习两个阶段。

首先，在前期确定函数集合的基础上输入图像，然后进行图像表示，再评价函数优劣，函数识别输出结果后，根据输入图像的标签判断函数识别的准确率，再从函数集合中选出图像识别率最优的函数。

其次，函数参数的学习通常是通过损失函数（或代价函数）的评价来进行的，即通过函数输出的值与标准值之间的差值的最小化来判定和评估模型及其参数是否为最优。损失函数通常有平方差损失函数、交叉熵损失函数、指数损失函数、铰链损失函数、log 对数损失函数等（见图 4-1-9）。

无监督的图像识别分类算法有 PCA、T—SNE、K—means 及基于信息不变性的神经网络方法等。

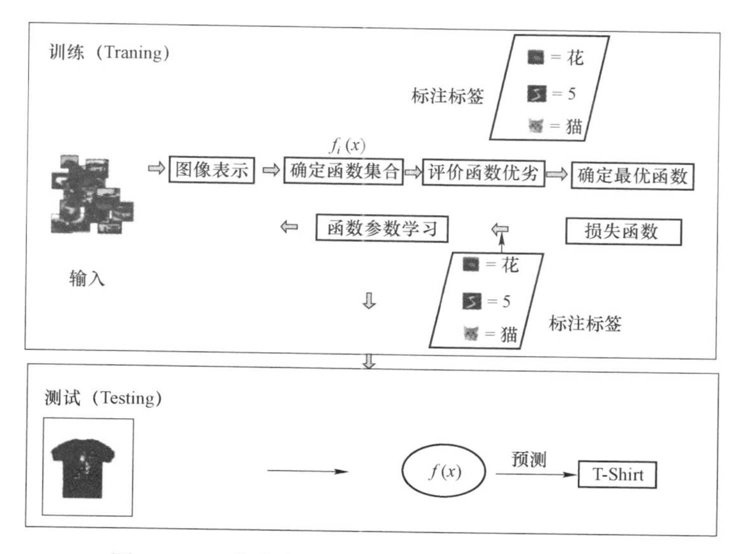

图 4-1-9　有监督的图像识别学习、测试过程

半监督的图像识别方法是有监督的图像识别方法与无监督的图像识别方法相结合的一种学习方法。半监督学习使用大量的未标记数据，并同时使用标记数据来进行图像识别工作。当使用半监督学习时，要求尽量少的人员来从事工作，同时，又能够带来比较高的准确性。

半监督的图像识别方法的基本思想是利用数据分布上的模型假设建立学习器对未标记样

例如进行标记，如将未标记样本中预测率最大的目标类看作真实的标签，然后和真实的标签一起进行模型的学习和评估，或利用弱数据增广图像生成伪标签，然后利用阈值，保留预测置信度更高的伪标签，将产生的伪标签作为标签对强增广的图像利用损失函数进行训练，学习出最优函数模型。

在半监督的图像识别学习中，人们通常用平滑假设、聚类假设、流形假设来建立预测样例和学习目标之间的关系。

（1）平滑假设：在数据区域中两个距离很近的样例的类标签相似，即当两个样例被数据区域中的边连接时，它们在很大的概率下有相同的类标签；相反地，当两个样例被稀疏数据区域分开时，它们的类标签趋于不同。

（2）聚类假设：当两个样例位于同一聚类簇时，它们在很大的概率下有相同的类标签。

（3）流形假设：将高维数据映射到低维流形中，当两个样例位于低维流形中的一个局部小邻域内时，它们具有相似的类标签。

第二节　深度学习框架

当前，深度学习研究者和开发者为了减少大量的重复代码，提高工作效率，开发了许多不同的深度学习处理框架，它们都包含图像处理工具、图像识别等功能。主流的框架有 TensorFlow、Caffe、Theano、Paddle、MXNet 和 PyTorch 等。下面就以 TensorFlow 和 PyTorch 为例，介绍其在图像识别方面的应用（见图 4-2-1）。

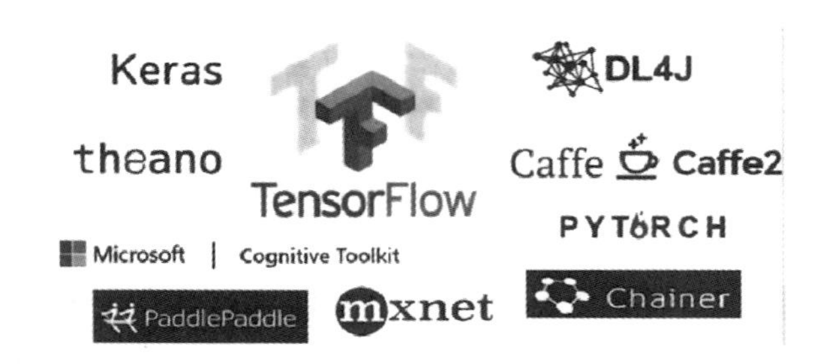

图 4-2-1　常用的深度学习框架

一、TensorFlow

TensorFlow 是由谷歌公司推出的深度学习框架，是一个基于数据流编程的符号数学系统，其前身是谷歌的神经网络算法库 Dist Belief。TensorFlow 包含的应用程序包主要有机器学习模型的库、模型优化工具包、构建 Recommenders 系统模型的库、计算机图形库、开源的分散式数据机器学习和计算的框架、概率推理和统计分析库、深度学习模型和

数据集的库、TensorFlow 优化器实现的 Python 库、强化学习库、强化学习算法模型框架、强化学习建块库、分布式张量计算、神经网络构建库、文本和 NLP 相关的类及操作等。TensorFlow 的训练、部署过程如图 4-2-2 所示。

训练阶段 TensorFlow Datasets 提供了标准化的数据接口，可以支持图片、文本、视频等数据，支持 Keras 的模型使用多 GPU、CPU/TPU 进行分布式训练，如使用几行代码实现 ResNet—50 和 BERT（见图 4-2-2）。

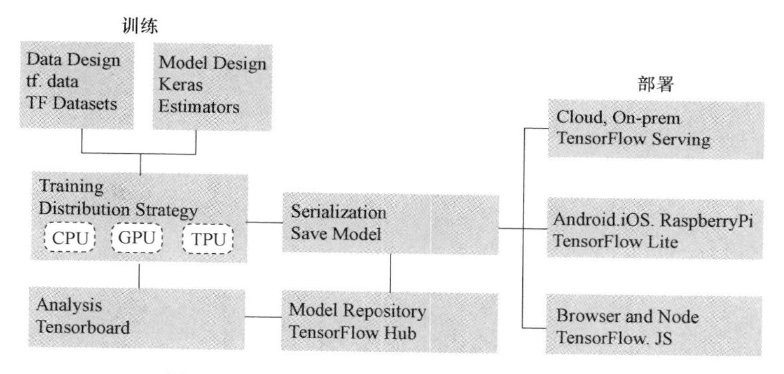

图 4-2-2　TensorFlow 训练、部署过程

Save Model 文件格式帮助 TensorFlow 实现了在云端、Web 端、浏览器、Node.js、移动端、嵌入式系统等不同平台的运行，部署用 TensorFlow Serving，在移动端和嵌入式系统上部署用 Tensor Lite，在浏览器或 Node.js 上运行用 TensorFlow.js。

TensorFlow 在图像分类、迁移学习、数据增强、图像分隔、对象检测等方面都有广泛的应用。下面就 TensorFlow 的基本应用过程和图像识别分别进行简介，TensorFlow 的基本应用过程如下。

（1）导入 TensorFlow

```
import tensorflow as tf
```

（2）载入 MNIST 数据集，将样本从整数转换为浮点数

```
mnist=tf.keras.datasets.mnist
(x_train,y_train),(x_test,y_test)=mnist.load_data()
x_train,x_test=x_train/255.0,x_test/255.0
```

（3）连接模型的各层，以搭建 tf.keras.Sequential 模型，训练选择优化器和损失函数

```
model=tf.keras.models.Sequential
tf.keras.layers.Flatten(input_shape=(28,28)),
tf.keras.layers.Dense(128,activation='relu'),
tf.keras.layers.Dropout(0.2),
tf.keras.layers.Dense(10,activation='softmax')]
model.compile(optimizer='adam',
loss='sparse_categorical_crossentropy',
metrics=['accuracy'])
```

（4）训练并验证模型

```
model.fit(x_train,y_train,epochs=5)
model.evaluate(x_test,y_test,verbose=2)
```

TensorFlow 的图像分类过程可以分为：

① 准备数据。

② 建立数据输入通道。

③ 建立模型。

④ 训练模型。

⑤ 测试模型。

⑥ 改进模型，重复上述过程。

本例的图像分类数据采用 flower_photos 数据集，包含 3 700 张花的图片，分为 daisy、dandelion、roses、sunflowers、tulips 五个类别。首先导入相关包，然后下载数据集。

```
import matplotlib.pyplot as plt
import numpy as ng
import os
import PIL
```

```
import tensorflow as tf
from tensorflow import keras
from tensorflow.keras import layers
from tensorflow.keras.models import Sequential
import pathlib
dataset_url="https://storage.googleapis.com/download.tens
orflow,org/example_images/flowerphotos.tgz"
data_dir=tf.keras.utils.get_file(flower_photos origin= dataset_
url,untar=True)
data_dir=pathlib.Path(data_dir)
```

预处理生成数据集：使用 image_dataset_from_directory 从上述图片数据集目录生成 tf.data.Dataset 数据集。

```
#设置参数：
batch_size=32
img_height=180
img_width=180
```

设置数据集 80%用于训练，20%用于测试，代码分别如下：

```
train_ds=tf.keras.preprocessing.image_dataset_from_direct
ory(
data_dir,
validation_split=0.2,
subset="training",
seed=123,
image_size=(img_height,img_width),
batch_size=batch_size)
val_ds=tf.keras.preprocessing.image_dataset_from_directory(
data_dir,
validation_split=0.2,
```

```
subset="validation",
seed=123,
image_size=(img_height,img_width),
batch_size=batch_size)
```

打印显示数据集类别名称，代码如下：

```
class_names=train_ds.class_name sprint(class_names)
```

可视化显示数据图片，代码如下：

```
import matplotlib.pyplot as plt
plt.figure(figsize=(10,10))
for images,labels in train_ds.take(1):
for i in range(9):
ax=plt.subplot(3,3,i+1)
plt.imshow(images[i].numpy().astype("uint8"))
plt.title(class_names[labels[i]])
plt.axis("off")
```

RGB 通道的取值范围为［0，255］，将图片数据归一化，为训练神经网络做准备，代码如下：

```
normalization_layer=layers.experimental.preprocessing.Rescaling(1./255)
```

创建模型，包含三层，每一层都加一个最大池化层，最后一层为全连接层，有 128 个神经元，使用激活函数 relu()激活，代码如下：

```
num_classes=5
model=Sequential([
layers.experimental.preprocessing.
Rescaling(1./255,input_shape=(img_height,img_width,3)),
layers.Conv2D(16,3,padding='same',activation='relu'),
layers.MaxPooling2D(),
layers.Conv2D(32,3,padding='same',activation='relu'),
```

```
layers.MaxPooling2D(),
layers.Conv2D(64,3,padding='same',activation='relu'),
layers.MaxPooling2D(),
layers.Flatten(),
layers.Dense(128,activation='relu'),
layers.Dense(num_classes)
])
```

编译模型，选择 optimizers.Adam 优化器和 Loss 函数 losses.SparseCategoricalCrossentropy()，将 metrics 的参数设为 accuracy，以显示每一轮训练和验证的准确率，代码如下：

```
model.compile(optimizer='adam',
loss=tf.keras.losses.sparse_categorical_crossentropy(from
_logits=True),
metrics=['accuracy'])
```

显示网络每层的所有信息，代码如下：

```
model.summary()
```

训练模型，设置训练轮数为 10，代码如下：

```
epochs=10
history=model.fit(
train_ds,
validation_data=val_ds,
epochs=epochs
```

数据增强，为了避免过拟合，在已有的数据集上，使用 tf.keras.layers.experimental.preprocessing 方法随机生成额外的训练数据，代码如下：

```
data_augmentation=keras.Sequential(
[
  layers.experimental.preprocessing.RandomFlip("horizontal",
  input_shape=(img_height,
```

```
    img_width,
    3)),
    layers.experimental.preprocessing.RandomRotation(0.1),
    Layers.experimental.preprocessing.RandomZoom(0.1),
  ]
)
```

可视化训练结果如下：

```
acc=history.history['accuracy']
val_acc=history.history['val_accuracy']
loss=history.history['loss']
val_loss=history.history['val_loss']
epochs_range=range(epochs)
plt.figure(figsize=(8,8))
plt.subplot(1,2,1)
plt.plot(epochs_range,acc,label='Training Accuracy')
plt.plot(epochs_range,val_acc,label='Validation Accuracy')
plt.legend(loc='lower right')
plt.title('Training and Validation Accuracy')
plt.subplot(1,2,2)
plt.plot(epochs_range,loss,label='Training Loss')
plt.plot(epochs_range,val_loss,label='Validation Loss')
plt.legend(loc='upper right')
plt.title('Training and Validation Loss')
plt.show()
```

使用训练模型，预测新的在线图片类别，代码如下：

```
sunflower_url="https://storage.googleapis.com/download.te
nsorflow.org/example_images/592px-Red sunflower.jpg"
sunflower_path=tf.keras.utils.get_file('Red_sunflower',or
```

```
igin=sunflower_url)
    img=keras.preprocessing.image.load_img(
    sunflower_path,target_size=(img_height,img_width)
    )
    Img_array=keras.preprocessing.image.img_to_array(img)
    img_array=tf.expand_dims(img_array,o)#(reate a batch
    predictions=model.predict(img_array)
    score=tf.nn.softmax(predictions[o])
    print(
    "This image most likely belongs to {} with a{:.2f)percent
confidence."
    .format(class_names[np.argmax(score)],100 * np.max(score))
    )}
```

二、PyTorch

PyTorch 是一个基于 Torch 的 Python 开源机器学习库，用于自然语言处理等应用程序。PyTorch 的前身是 Torch，其底层和 Torch 框架一样，它不仅更加灵活，支持动态图，还提供了 Python 接口。它由 Torch7 团队开发，是一个以 Python 优先的深度学习框架，不仅能够实现强大的 GPU 加速，同时还支持动态神经网络。PyTorch 既可以看作加入了 GPU 支持的 NumPy，同时又可以看作一个拥有自动求导功能的强大的深度神经网络。

PyTorch 提供了面向不同领域的库和数据集，如 TorchText、Torchvision、TorchAudio 等。在 Torchvision.datasets 模块中包含了 CIFAR、COCO、Cityscapes、EMNIST、FakeData、Fashion-MNIST、HMDB51、Kinetics-400 等真实的数据集。下面就使用 PyTorch 构建模型、训练模型、预测图片进行简介。

（一）导入相关包

```
import torch
from torch import nn
from torch.utils.data import DataLoader
from torchvision import datasets
from torchvision.transforms import ToTensor,Lambda,Compose
import matplotlib.pyplot as plt
```

（二）下载 FashionMNIST 公开数据集

```
# Download training data from open datasets.
training_ data=datasets.FashionMNIST
    root="data",
    train=True,
    download=True,
    transform=ToTensor,
# Download test data from open datasets.
test_data=datasets.FashionMNIST
    root="data",
    train=False,
    download=True,
    transform=ToTensor()
)
```

（三）设置参数，把数据集对象传给 DataLoader 对象

```
batch_size=64
# Create data loaders.
train_dataloader=DataLoader(training_data,batch_size=batc
```

```
h_size)
    test_dataloader=DataLoader(test_data,batch_size=batch_size)
    for X,y intest_dataloader:
        print("Shape of X[N,C,H,W]",X.shape)
        print("Shape of y",y.shape,y.dtype)break
```

（四）构建模型

```
# Get cpu or gpu device for training.
device="cuda"if torch.cuda.is_available  else"cpu"
print("Using device".format device )
# Define model
class NeuralNetwork(nn.Module):
  def__init__(self):
    super(NeuralNetwork,self).__init__
    self.flatten=nn.Flatten
    self.linear_relu_stack = nn.Sequential
      nn.Linear(28*28,512),
      nn.ReLU ,
      nn.Linear(512,512),
      nn.ReLU ,
      nn.Linear(512,10),
      nn.ReLU
  def forward(self,x):
  x=self.flatten(x)
  logits=self.linear_relu_stack(x)
  return logits
model=NeuralNetwork.to(device)print(model)
```

（五）定义模型 Loss 函数和优化器，设置模型参数

```
loss_fn=nn.CrossEntropyLoss
optimizer=torch.optim.SGD(model.parameters,lr=1e-3)
```

定义训练函数 train 和测试函数 test，并调用训练和测试函数。

```
def train(dataloader,model, loss_fn, optimizer):
  size=len(dataloader.dataset)
  For batch,(X,y)in enumerate(dataloader):
    X,y=X.to(device),y.to(device)
    # Compute prediction error
    pred=model(X)
    loss=loss_fn(pred,y)
    # Backpropagation
    optimizer.zero_grad
    loss,backward
    optimizer.step
    if batch % 100==0:
      Loss,current =loss.item,batch * len(X)
      print(f"loss;{loss:>7f}[(current:>5d)/{size;>5d}]")
def test(dataloader,model,loss_fn):
      size =len(dataloader.dataset)
      num_batches = len(dataloader)
      model.eval
      test_loss,correct = 0,0
      with torch.no_grad:
        for X,y indataloader:
          X,y = X.to(device),y.to(device)
          pred = model(X)
```

```
    test_loss += loss_fn(pred,y).item
correct +=(pred.argmax(1)== y).type(torch.float).sum.item
test_loss /= num_batches
correct /= size
```

第三节　神经网络

神经网络属于多学科交叉技术领域，其研究主要包括两个方面：一个是生物神经网络，从生理学、心理学、解剖学、脑科学、病理学等方面研究神经细胞、神经网络、神经系统的生物原型结构及其功能机理，研究生物的大脑神经元、细胞、触点等组成的网络，用于产生生物的意识，帮助生物进行思考和行动；另一个是人工神经网络，它是一种模仿动物神经网络行为特征，进行分布式并行信息处理的算法数学模型，在理论模型研究的基础上构建具体的神经网络模型，以实现计算机模拟或硬件制作，其中包括概念模型、知识模型、物理化学模型、数学模型等。人工神经网络依靠系统的复杂程度，通过调整内部大量节点之间相互连接的关系，达到处理信息的目的。下面重点讲述人工神经网络在图像识别方面的应用，为方便叙述，将人工神经网络简称为神经网络。

一、神经网络简介

神经网络是一种模仿人脑结构及功能的信息处理系统，是人们受生物神经细胞结构的启发而研究出的一种算法体系。神经网络的发展经历了启蒙时期（1890—1969 年）、低潮时期（1969—1982 年）、复兴时期（1982—1995 年）、低潮时期（1995—2006 年）、发展时期（2006 年至今）等阶段。

1890 年，威廉姆·詹姆斯的《心理学原理》从感觉、知觉、大脑功能、习惯、意识、自我、注意、记忆、思维、情绪等方面确定了后来心理学研究的范畴，开启了神经细胞的刺激传播研究，他认为一个神经细胞受刺激激活后可以把刺激传播给另一个神经细胞，并且神经细胞激活是细胞所有输入叠加的结果。1943 年，麦克库洛奇和皮提斯提出 M-P 模型。根据生物神经元的结构和工作机理构造了一个简化的数学模型 $y=f\left(\sum_{1=1}^{n}\omega_1 x_1-h\right)$，在神经元互相连接并同步运行的情况下，将接收到的一个输入中的多个分量加权求和后通过函数输出。即工作原理为当所有的输入与对应的连接权重的乘积 $w_i x_i$ 之和大于阈值 h 时，输出为 1，否则输出为 0。M-P 模型开启了人工神经网络（ANN）的研究大门（见图 4-3-1）。

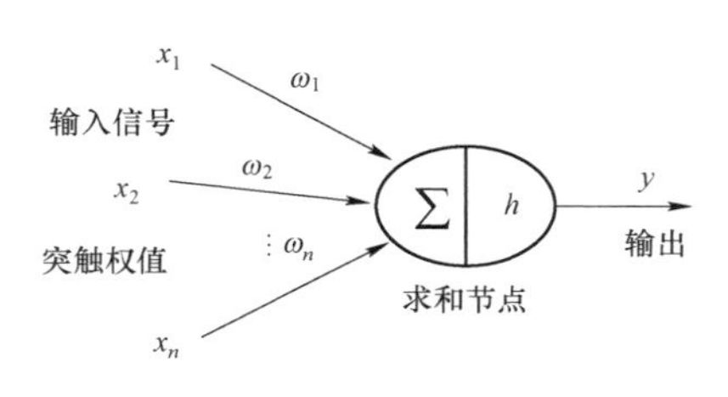

图 4-3-1　M-P 模型

1958 年，感知器模型被罗森布拉特提出，由线性阈值神经元组成的前馈人工神经网络可实现“与”或“非”等逻辑门，用于实现简单分类。接着，威德罗 B.Widrow 和霍夫 M.Hoff 在 1960 年提出了自适应线性单元，使得神经网络进入第一个发展期。而随着 1969 年敏斯奇 Marvin Minsky、Seymour A.Papert 在《Perceptrons》中指出，单层感知器不能实现异或门（XOR），多层感知器不能给出一种学习算法，神经网络的发展由此走向低潮。在此期间出现了自适应共振机理论和自组织映射（SOM）理论。

1986 年，鲁梅尔哈特、辛顿等人提出了基于多层感知机权值训练的 BP 算法。Broomhead 和 Lowe 于 1988 年将径向基函数（RBF）引入了神经网络的设计中，形成了径向基神经网络。

2006 年，随着辛顿等提出深度信念网络神经网络进入高速发展时期，他通过逐层预训练来学习一个深度信念网络，并将其权重作为一个多层前馈神经网络的初始化权重，再用反向传播算法进行精调来建立网络模型，有效地解决了深度神经网络难以训练的问题，从而使得神经网络在信号处理、模式识别、图像识别、自然语言处理、智能检测、信息分析

与预测等方面有了广泛的应用。

在此之后，CNN、RNN、LSTM都有广泛的发展和应用，如CNN中典型的AlexNet、VGGNet、GoogLeNet、ResNet、DenseNet等。

神经网络通常会涉及网络结构、权值、算法等不同元素，从层数来看，可分为单层神经网络、两层神经网络、三层神经网络和多层神经网络；从拓扑结构来看，可分为前向神经网络和反馈神经网络。

二、神经元模型与感知器

（一）神经元模型

在生物神经网络中，生物神经元由树突、轴突和突触组成，树突用来接收信号，轴突用来传输信号，突触用于连接其他神经元。将生物神经元抽象为神经网络的数学模型，表示为 $f(\sum_i \omega_i x_i + b)$，式中以 x 表示生物神经元的树突，权重 w 和偏置 b 对应于生物神经元的轴突，$f(\cdot)$ 对应于生物神经元的突触，表示为激活函数。将神经元的模型表示为线性函数（见公式1、图4-3-2）。

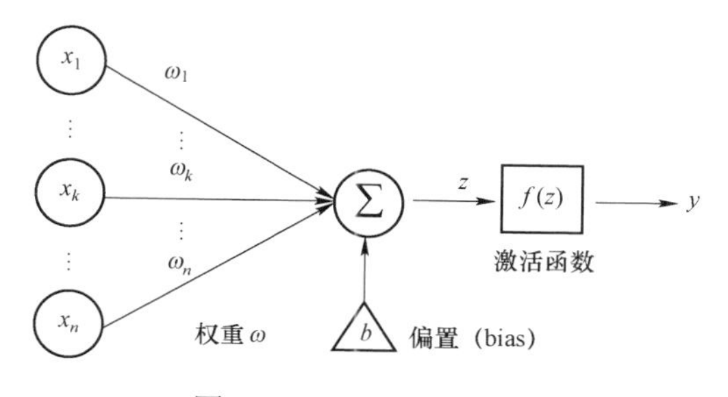

图4-3-2　神经元模型

公式1：

$$z = x_1\omega_1 + \cdots + x_k\omega_k + \cdots + x_n\omega_n + b$$

在神经元模型中，神经元不同的连接方式构成不同的网络结构，每个神经元都有自己的权重和偏置参数。为了增强网络的表达能力，需要引入激活函数将上述线性函数转换为非线性函数，常用的激活函数有 Sigmoid 函数、Tanh 函数、ReLU 函数、PReLU 函数、Softmax 函数、Maxout 函数、符号函数等（见表 4-3-1）。

表 4-3-1　常用激活函数

函数名	函数表达式	函数曲线	函数优点	函数缺点
Sigmoid	$f(x)=\frac{1}{(1+e^{-x})}$	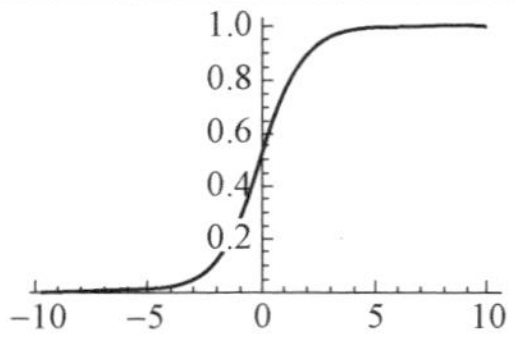	平滑、归一化	存在梯度消失弥散；输出不以 0 为中心，效率降低；指数运算，运行速度慢
Tanh	$f(x)=\frac{e^{x}-e^{-x}}{e^{x}+e^{-x}}$	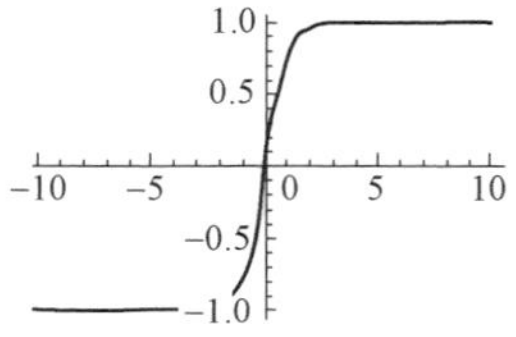	函数以 0 为中心；比 Sigmoid 函数运算速度快	梯度消失的问题和幂运算的问题仍存在
ReLU	$f(x)=\max(0,x)$	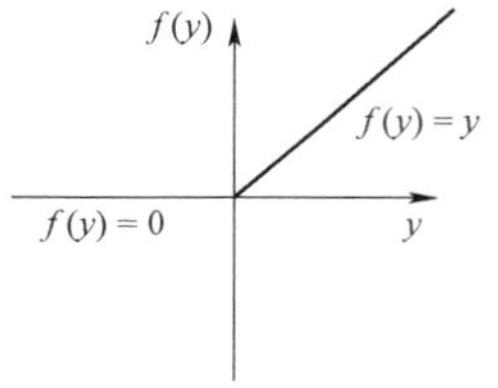	解决了梯度问题（在正区间）；计算速度非常快；收敛速度远快于 Sigmoid 和 Tanh 函数	某些神经元可能永远不会被激活，导致相应的参数永远不能被更新
PReLU	$f(x)=\max(ax,x)$	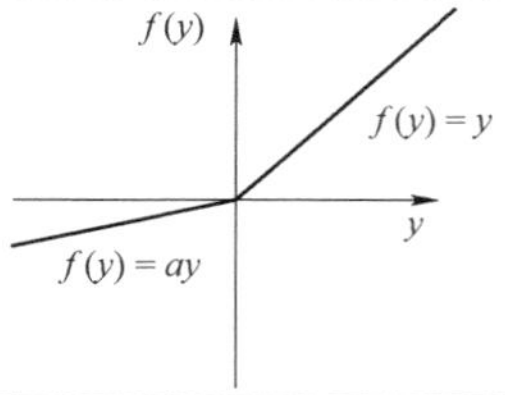	在负值域，PReLU 函数的斜率较小，可以避免“Dead ReLU”问题	PReLU 函数与 ReLU 函数相比增加了少量的参数
Softmax	$f(x)_j=\frac{e^{x}}{\sum_{k=1}^{K}e^{x_k}}$	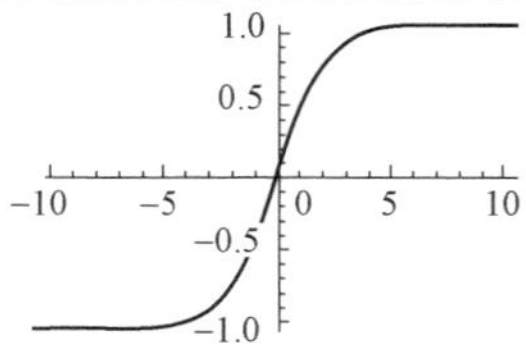	Softmax 函数是 Sigmoid 函数的扩展，当类别数 $k=2$ 时，Softmax 回归退化为 Logistic 回归	在零点不可为；会产生永不激活的死亡神经元
Maxout	$\max_{j\in[1,k]} z_{ij}$，其中 $z_{ij}=x^{\mathrm{T}}\boldsymbol{W}_{\dots ij}+b_{ij}$	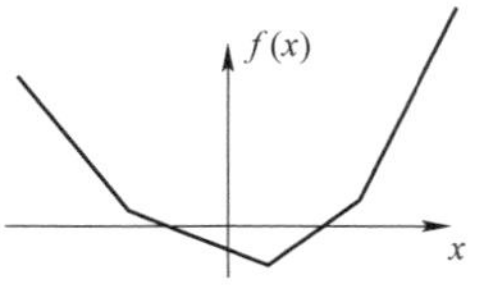	两个 Maxout 节点组成的多层感知机可以拟合任意的凸函数	每个神经元参数翻一倍，整体参数较多

续表

函数名	函数表达式	函数曲线	函数优点	函数缺点
符号函数	$\mathrm{sign}(x)=\begin{cases}1, & x>0\\0, & x=0\\-1, & x<0\end{cases}$			

（二）神经元模型中参数权重 w 和偏置 b

上述神经元模型可以简化为简单线性函数 $f(x)=wx+b$，其中 w 表示斜率，b 表示截距。使用神经元训练可以得到一条直线，将数据点线性分开。其中，w 参数决定了线性分割平面的方向。随着 w 值的变化，直线的方向会发生变化，那么分割平面的方向也发生变化。其中，b 参数决定了竖直平面沿着垂直于直线方向移动的距离。当 $b>0$ 的时候，直线往左边移动；当 $b<0$ 的时候，直线往右边移动。偏置改变了决策边界的位置。

单个神经元 + Sigmoid 激活函数的代码示例如下：

```
class Neuron(object):
#…
def forward(self,inputs):
"assume inputs and weights are 1-D numpy arrays and bias is a number"
cell_body_sum=np.sum(inputs self.weights)+self.bias
f_rate=1.0/(1.0+math.exp-cell_body_sum)# sigmoid activation function returnf_rate
```

（三）感知器

感知器又称感知机，是 Frank Rosenblatt 在 1957 年发明的一种形式最简单的前馈式人工神经网络，是一种二元线性分类器。感知器可分为单层感知器（SLP）和多层感知器（MLP）两类，单层感知器仅对线性问题具有分类能力，无法解决异或（XOR）问题。多层感知器又称前向传播网络、深度前馈网络，是最基本的深度学习网络结构，它由若干层组成，每一层包含若干个神经元。感知器不仅仅能实现简单的布尔运算，还可以拟合任何的线性函数，任何线性分类或线性回归问题都可以用多层感知器来解决。激活函数采用径向基函数的多层感知器被称为径向基网络。

下面以单层感知器为例，对线性分类进行简介。

感知器使用特征向量来表示，把矩阵上的输入 $x \in (x_1, x_2, \cdots, x_n)$（实数值向量）映射到输出 $f(w \cdot x + b)$（输出一个二元的值）（见图 4-3-3）。

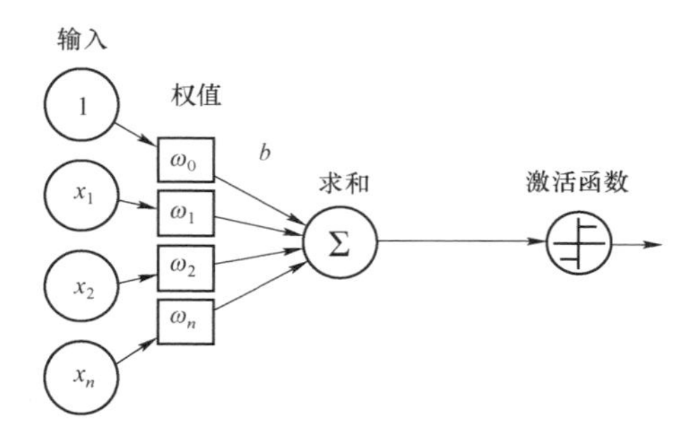

图 4-3-3 单层感知器

w_i 表示实数的权值，$w \cdot x$ 是点积，b 是偏置，一个不依赖于任何输入值的常数。偏置可以认为是激励函数的偏移量。激活函数可以采用阶跃函数来完成，如公式 2 所示。

公式 2：

$$f(x)=\begin{cases}1, & x>0 \\ 0, & \text{其他}\end{cases}$$

用感知器实现逻辑“与”函数，结果如表 4-3-2 所示，二元分类结果如图 4-3-4 所示。

表 4-3-2 逻辑“与”函数

X_1	x_1	y
0	0	0
0	1	0
1	0	0
1	1	1

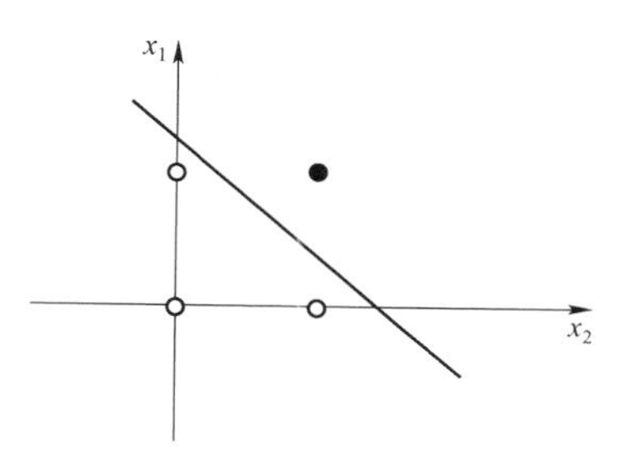

图 4-3-4 二元分类结果

上述两层感知分类器只能实现一个线性判决边界，如果给出足够数量的隐单元，那么三层、四层及更多层网络就可以实现任意的判决边界。

三、神经网络构建与训练优化

（一）神经网络构建

神经网络由神经元组成，可以看作是由神经元连接而构成的无环图集合。在神经网络图中，层内神经元并没有连接，可包含多层，每层都由神经元组成，前一层的神经元可以作为下一层的输入，层与层之间的连接有不同方式，最为常见的方式为全连接方式。神经网络的基本组成包括输入层、隐藏层和输出层（见图 4-3-5）。

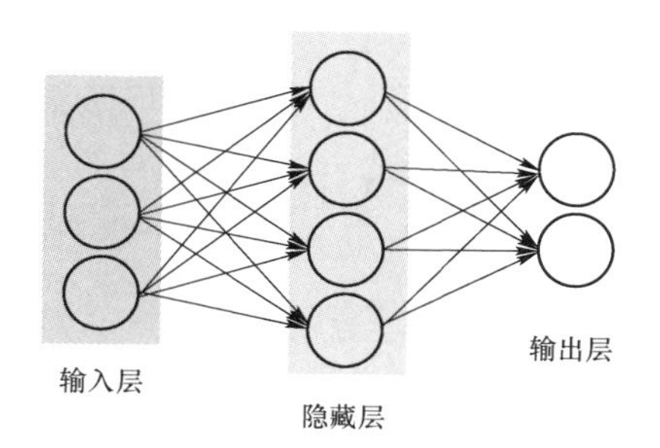

图 4-3-5 两层全连接神经网络

神经网络的大小通常通过神经元的个数（不包含输入层神经元个数）

和参数个数之和来进行计算。

图中的神经网络的大小为 4+2=6 个神经元（隐藏层 4 个，输出层 2 个），每个神经元都连接有权值参数，共 $3\times4+4\times2=20$ 个。每个神经元都有一个偏置 $4+2=6$，因此总共有 26 个参数。

（二）神经网络训练

神经网络的训练全过程通常需要包含训练数据准备、网络结构设计、数据预处理、网络参数初始化、网络训练、参数调优等步骤。

神经网络结构的设计主要是确定层数、每层的节点数、隐藏层的节点数及激活函数和损失函数。

神经网络模型的训练通常包含正向传递、计算损失、计算梯度、更新权重参数、重新计算损失。

神经网络训练模型的步骤分别为：（1）输入数据到神经网络；（2）神经网络对输入数据进行预测；（3）根据神经网络预测结果与实际标签中的差值之和来通过损失函数计算损失；（4）使用优化方法调整神经网络中的参数（权重和偏置）（见图 4-3-6）。

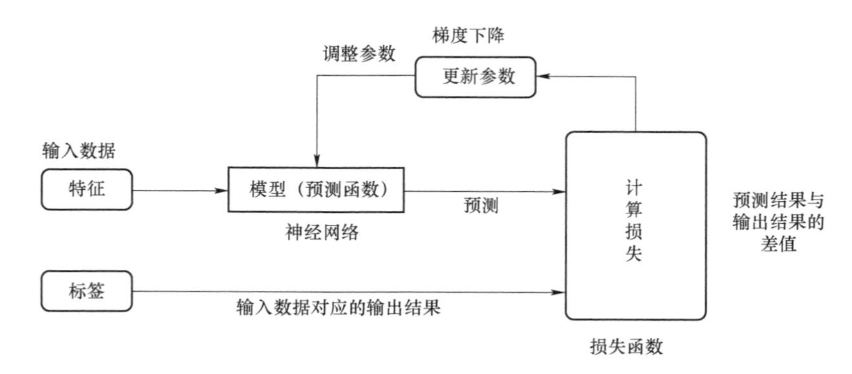

图 4-3-6　模型训练步骤

（三）损失函数

损失函数用来量化当前的神经网络对训练数据的拟合程度，即量化

模型输出的预测值 $\hat{y}$ 与观测真实值 y 之间概率分布的差值 $L(y, \hat{y})$= distancel $f(X, w), p(y|X)$。通常通过最小化损失函数求解和评估模型时，损失函数越小，模型的鲁棒性越好。

常用的损失函数有 0－1 损失函数、均方误差、交叉熵误差、指数损失函数、Hinge 损失函数等。

0－1 损失函数：多适用于分类问题，如果预测值与目标值不相等，那么说明预测错误，输出值为 1；如果预测值与目标值相等，那么说明预测正确，输出为 0，其表示如下。

公式 3：

$$\text{Loss}(Y, f(X)) = \begin{cases} 1, & y \neq f(X) \\ 0, & y = f(X) \end{cases}$$

均方误差损失函数：预测值与真实值差值的平方。损失越大，说明预测值与真实值的差值越大。均方损失函数多用于线性回归任务中，其表示如下。

公式 4：

$$\text{Loss}(y, \hat{y}) = (y - \hat{y})^2, \hat{y} = f(x, w)$$

交叉熵损失函数：交叉熵损失函数实质是一种对数损失函数，常用于多分类问题，其表示如下。

公式 5：

$$\text{Loss}(y, \hat{y}) = -\sum_{i=1}^{c} y_i * \lg \hat{y}_i, \hat{y}_i = f_i(x, w)$$

（四）优化方法

优化方法通常有梯度下降法、牛顿法、最小二乘法、贝叶斯估计、最大似然估计、无偏估计和有偏估计等，下面简要介绍梯度下降法和牛顿法。

1. 梯度下降法

梯度是最为常用的最优化方法，表示某一函数在该点处的方向导数沿着该方向取得最大值，即函数在该点处沿着该方向（此梯度的方向）变化最快，变化率最大。梯度下降法易实现，当目标函数是凸函数时，梯度下降法的解是全局最优解。一般情况下，其解不一定是全局最优解，梯度下降法的速度也未必是最快的。梯度下降法的优化思想是，用当前位置负梯度方向作为搜索方向，因为该方向为当前位置的最快下降方向，越接近目标值，步长越小，前进越慢，如图 4-3-7 所示。梯度下降的目的是自动调整参数，通过梯度下降不断调整参数使损失降到最低，参数达到最优（见图 4-3-7）。

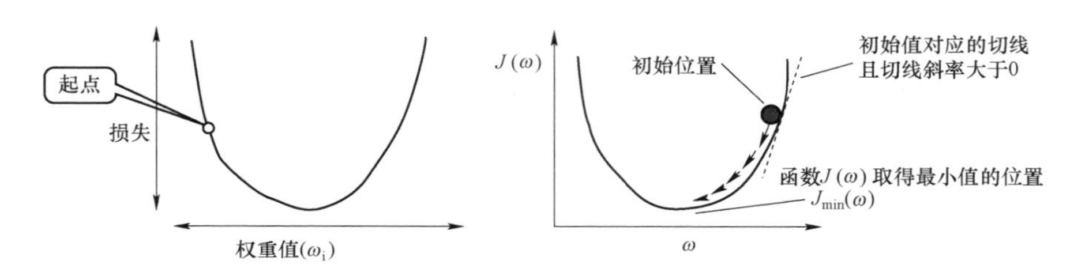

图 4-3-7　梯度下降法学习

在随机梯度下降的过程中，参数更新的有 Vanilla Update、Momentum Update、Nesterov Momentum 等。

梯度乘以设定的学习率，用现有的权重减去这个部分，得到新的权重参数（梯度表示变化率最大的增大方向，减去该值之后，损失函数值才会下降）。记 x 为权重参数向量，而梯度为 dx，设定学习率为 learning_rate，则它们的参数更新如下：

```
# Vanilla update
X+=-learning_rate * dx
# Momentum update 物理动量角度启发的参数更新
v=mu*v-learning_rate*dx #合入一部分附加速度
x+=v#更新参数
# Nesterov Momentum 更新
x_ahead=x+mu * v
#考虑到这个时候的 x 已经有一些变化了
```

```
v=mu*v-learning_rate *dx_ahead
x+=v
```

在梯度下降法中，靠近极小值时收敛速度会减慢，并且容易在极小值点附近震荡。

2. 牛顿法

牛顿法是一种在实数域和复数域上近似求解方程的方法，用于求函数的极值。牛顿法是二阶收敛，梯度下降是一阶收敛。牛顿法在选择方向时，不仅会考虑坡度是否够大，还会考虑走了一步之后，坡度是否会变得更大，所以牛顿法比梯度下降法“看”得更远一点，能更快地走到最底部，但牛顿法是迭代算法，每一步都需要求解目标函数的 Hessian 矩阵的逆矩阵，缺点是计算比较复杂。

TensorFlow 中常用到的三种优化器是梯度下降法、动量梯度下降法、Adam 优化法，在神经网络中优化问题只是训练中的一个部分。它不仅要求模型在训练数据集上要得到一个较小的误差，还要求模型在测试集上也要表现得好，即泛化能力要强。因为模型最终是要部署到没有训练数据的真实场景中，提升模型在测试集上的预测效果就是提升它的泛化能力，关于泛化的相关方法被称作正则化，神经网络中常用的泛化技术有权重衰减等。

（五）超参数设定与优化

神经网络的训练过程中，需要设定和优化一些超参数，以便训练网络。常见的参数有初始学习率、正则化系数等。

如在上述梯度下降法学习的过程中，学习率起着非常重要的作用，决定着权值 w 每次调整的幅度和范围。

学习率是用梯度乘以学习速率（步长）的标量，以确定下一个点的位置。如果梯度大小为 2.3，学习速率为 0.01，那么梯度下降法会选择距离前一个点 0.023 的位置作为下一个点。

一般对超参数的尝试和搜索都是在 log 域进行的。在神经网络训练过程中要寻找合适的学习率，防止出现学习率过小（梯度变化缓慢或直接消失）和过大（梯度越过了最低点，或者参数更新的幅度大，这会导致网络收敛到局部最优点，或者损失增加）的情况，避免梯度在最小值附近来回震荡，最终无法收敛。

学习率的调整方法有离散下降法、指数衰减法、分数减缓法、步伐衰减法、1/t 衰减法等。可以采用交叉验证的方法确定最佳超参数，同时选取 Top 的部分超参数，分别进行建模和训练。

四、基于全连接神经网络的手写数字识别案例

以 TensorFlow 为基础，通过前面的神经网络基础，搭建全连接神经网络，并完成手写数字识别，参考代码如下：

```
import tensorflow as tf
Import tensorflow.examples.tutorials.mnist.input_data as
input_datamnist=input_data.
read_data_sets("MNIST_data/",one_hot=True)
x=tf.placeholder(tf.float32,[None,784])
y_actual=tf.placeholder(tf.float32,[None,10])
井初始化权值 W
W=tf.Variable(tf.random_uniform([784,500],-1.,1.))
W2=tf.Variable(tf.random_uniform([500,10],-1.,1.))
#初始化偏置项 b
b=tf.Variable(tf.zeros([500]))
b2=tf.Variable(tf.zeros([10]))
#加权变换,添加 ReLU 非线性激励函数
y_=tf,nn.relu((tf.matmul(x,W)+b))
output=tf.matmul(y_,W2)+b2
#求交叉熵
```

```
loss=tf.losses.softmax_cross_entropy(onehot_labels=y_actual,
logits=output)
#用梯度下降法使得残差最小
train_step=tf.train.GradientDescentOptimizer(0.01).minimi
ze(loss)
#在测试阶段,测试准确度计算
correct_prediction=tf.equal(tf.argmax(output,1),tf.argmax
(y_actual,1))
#多个批次的准确度均值
accuracy=tf.reduce_mean(tf.cast(correct_prediction,tf.float32))
with tf.Session()as sess:
init=tf.global_variables_initializer()
sess,run(init)
for i in range(100000):
batch_xs,batch_ys=mnist.train.next_batch(100)
sess.run(train_step,feed_dict={x:batch_xs,y_actual:batch_ys})
ifi%100==0:
print("test_accuracy:",sess.run(accuracy,feed_dict={x:mnist.
test.images,y_actual:mnist.test.labels}))
```

在训练 100 000 轮后，手写数字测试集的识别率达 94%（见图 4-3-8 所示）。

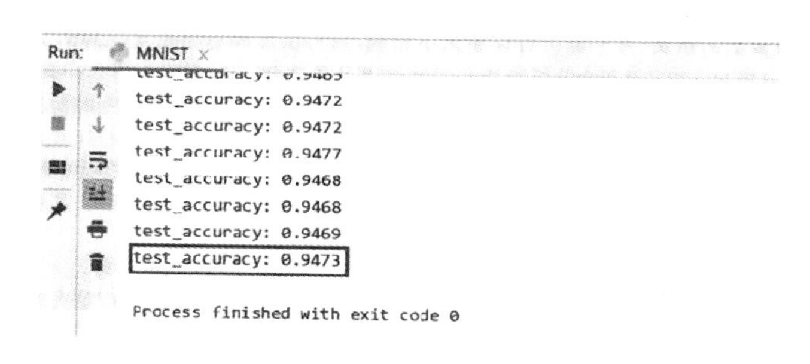

图 4-3-8　手写数字识别程序运行结果

第四节　卷积神经网络

一、卷积神经网络简介

（一）卷积神经网络发展及结构

卷积神经网络最早起源于 1980 年，日本科学家福岛邦彦受胡贝尔和威塞尔工作的启发，提出了具有深度结构的神经认知识别网络，它不受位置漂移的影响，是卷积神经网络的前身，其隐含层由 S 层和 C 层交替构成。其中，S 层单元在感受野内对图像像素特征进行提取，C 层单元接收和响应不同感受野返回的相同特征。1989 年，杨立昆在此架构基础上，应用反向传播算法，提出了应用于数字识别问题的卷积神经网络 LeNet 1 网络，即在结构上与现代的卷积神经网络十分接近的 CNN[①]。LeNet 包含 2 个卷积层、2 个全连接层。1998 年，LeNet 5 网络诞生，它增加了 2 层池化，网络层数加深到 7 层，并在输出层使用 RBF 层代替了原来的全连接层。

2012 年，AlexNet 使用 ReLu 作为激活函数，在数据增强和 mini—batch SGD 和 GPU 的训练下，结合设计 Dropout 层，在 imageNet 2012 图片分类任务上，把错误率降到了 15.3%，获得了成功。此后，2014 年，在采用连续的 3 × 3 卷积核代替 AlexNet 中较大卷积核（11 × 11、7 × 7、5 × 5）的基础上，VGGNet 被提出，在 VGG 中引入 1 × 1 的卷积核，使用 3 个 3 × 3 的卷积核来代替 AlexNet 的 7 × 7 卷积核，使用 2 个 3 × 3 卷积核来代替 AlexNet 的 5 × 5 卷积核，使得在保证具有相同感知野的条件下，网络的深度和神经网络的效果都得以提升。同年，具有 27 层的 GoogLeNet 以 Top-5 错误率 6.7%在 ILSVRC 模型比赛中获得了成功。

① 高延增，熊金泉.数据挖掘算法导论［M］. 西安：西安电子科学技术大学出版社，2022.

2015 年，ResNet 即深度残差网络被提出[①]，采用了 Skip Connection 的方式，把当前输出直接传给下一层网络，同时在反向传播过程中，将下一层网络的梯度直接传给上一层网络，使得整个网络在不产生额外的参数，也不增加计算复杂度的情况下，更容易优化深层。

2017 年，受随机深度网络和利用 Dropout 来改进 ResNet 的启发，DenseNet 问世了。它采用“Dense Block + Transition”的结构，其中 Dense Block 是包含很多层的模块，每个层的特征图大小相同，层与层之间采用密集连接的方式。而 Transition 模块连接的是两个相邻的 Dense Block，并且通过 Pooling 使特征图大小变小，即让网络中的每一层都直接与其前面的层相连，实现特征的重复利用；同时，把网络的每一层设计得较窄，只学习非常少的特征图，从而达到降低冗余性的目的。

上面已经介绍了神经网络的基本组成，包括输入层、隐藏层、输出层。而卷积神经网络的特点在于隐藏层分为卷积层和池化层。其基本结构，包含输入层、卷积层、池化层和全连接层（见图 4-4-1）。

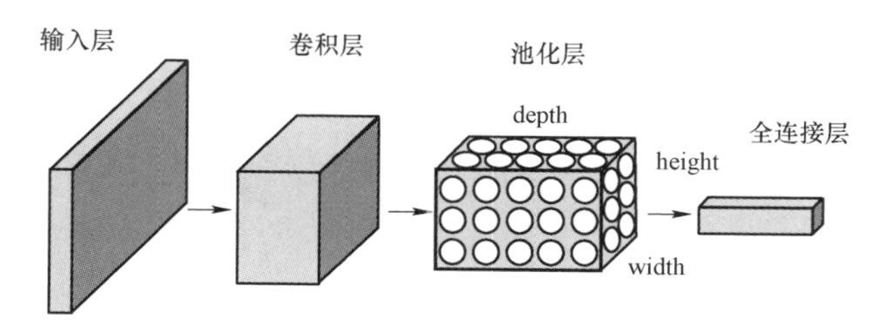

图 4-4-1　卷积神经网络结构

卷积层：通过在原始图像上平移来提取特征，每一个特征就是一个特征映射。

池化层：通过提取特征和稀疏参数来减少学习的参数，降低网络的复杂度（最大池化和平均池化）。

全连接层：卷积神经网络中输出层的上游通常是全连接层，因此

① 刘峡壁，马霄虹，高一轩.人工智能：机器学习与神经网络［M］. 北京：国防工业出版社，2020.

其结构和工作原理与传统前馈神经网络中的输出层相同。

图 4-4-1 中 Height 和 Width 表示图像的维度，Depth 表示图像的 3 个通道（Red、Green、Blue 通道）。

（二）基本原理

假设在实际中以 1 000×1 000 的灰度图像作为输入层，隐藏层有和输入相同的神经单元。如果采用全连接方式，那么需要 $10^6 \times 10^6$ 个参数；如果是多个隐藏层，那么需要多少个参数？显然全连接方式并不是可行的。卷积神经网络是专门针对此图像识别问题设计的神经网络，它弥补了全连接在图像识别问题上的不足。

在图像识别中，人们发现图像中某一标识物仅出现在图像局部区域，并不是所有具有相似特征的标识物都位于图像的同一位置，同时，还发现改变图像的大小，仍然可以有效区分图像中的标识物。在此基础上，人们发现通过定义一种提取局部特征的方法，可有效响应特定局部模式，然后再用这种方法遍历整张图片，即可提取图像的全部特征，这就是局部区域特征的平移不变性。此外，还可以直接对图像进行缩放，缩放到适当大小后，可以在特征提取过程中做到有效提取，这就是图像的缩放不变性。

卷积神经网络则是利用图像局部区域特征的平移不变性和图像缩放不变性原理，把整幅图像分为大小相同的多个区域，通过依次提取和累加叠加，完成整个图像的识别。局部区域特征的提取则是通过局部连接来完成的，图像的缩放不变性则通过下采样来完成。通过局部连接和权值共享大幅度减少了神经网络需要训练的参数个数。

1. 局部连接

局部连接是指神经网络中每个接受神经元仅仅只接受输入神经元的一部分，即神经元的接受域，它的大小等同于过滤块的大小。在二维空间中，处理的是它的 Width 和 Height 维度，它的 Depth 维度在处理过程

中并不发生变化。

假设有 32×32×3（宽 32，高 32，3 个通道）的鸢尾花图片，初始卷积过滤图片用 5×5×3 的过滤块（卷积核），卷积层每个神经元对应的输入接受域大小设为 5×5，这样可把原始输入图片分隔为 5×5 大小的多个区域。每个输入接受域与卷积层的过滤块经过公式 $w^{\mathrm{T}}+b$ 的计算，最后得到一个特征值。每一步计算的移动步长为 1，分别得到对应的特征值（见图 4-4-2）。

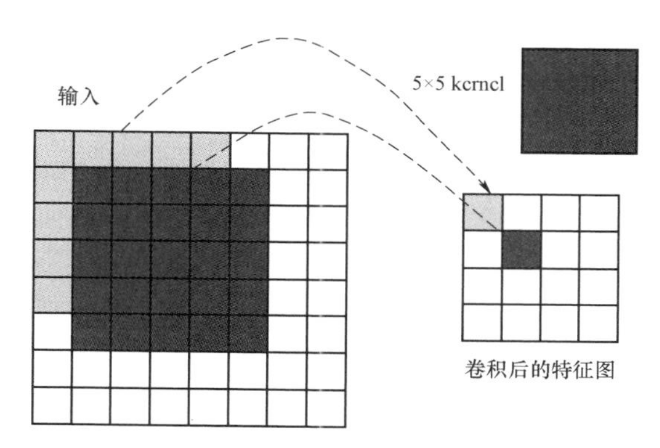

图 4-4-2　输入域与过滤块（卷积核）计算过程示意特征图

特征图的大小可按如下计算。

公式 1：

$$\text{特征图大小}=\left(\frac{\text{图像大小}-\text{卷积核大小}}{\text{步长}}\right)-1$$

2. Zero—Padding 填充

5×5 的图片被 5×5 的过滤块（卷积核）卷积后变成了 4×4 的图片，如果每次卷积后输出的特征图都变小，那么经过若干卷积层后输出的特征图将会变得越来越小。

为了使输入图像经过卷积核过滤后，不损失图像的边缘信息，应控制特征图的输出尺寸，避免图片边缘信息被一步步舍弃。

通常会采用 Padding 的技巧，通过在输入图的行列边缘填充 0 信息，填充大小的计算公式为 Zero—Padding 的大小 =（卷积核大小 – 1）/2，使得经过卷积核过滤后的图像能够保存边缘信息，同时也使得获得的特征图大小与输入图像大小一样。使用 Padding 的特征图大小计算公式如下。

公式 2：

$$特征图大小=\left(\frac{图像大小+2\times Padding大小-卷积核大小}{步长}\right)+1$$

为简化，以 5 × 5 的输入图和 3 × 3 的过滤块（卷积核），以及步长为 1 为例，展示公式 w^T+b 的计算，根据公式 2，得到特征图大小为 $\frac{5-3}{1}+1=3$。在输入图四侧添加 Padding5 + 2 × 1 – 3 为 1 的 0 信息，则特征图大小为 $\frac{5+2\times1-3}{1}+1=5$。

以输入接受域为 3 × 3 的具体计算为例：每个值与对应的过滤块的值进行相乘，最后得到的计算结果为 51，偏置 b 的值设为 0（见图 4-4-3、图 4-4-4）。

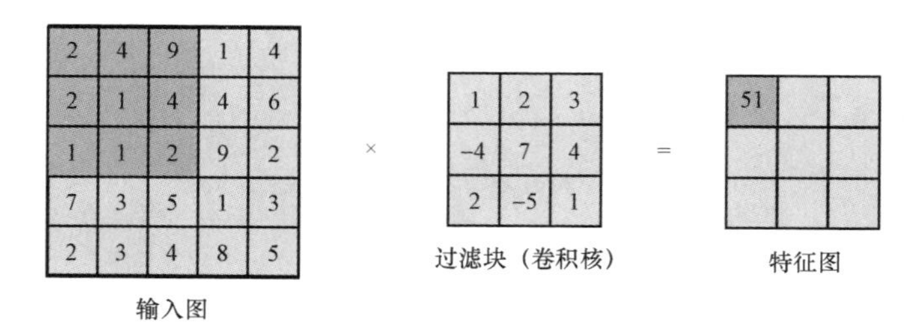

图 4-4-3 卷积计算示意

输入图

2	4	9	1	4
2	1	4	4	6
1	1	2	9	2
7	3	5	1	3
2	3	4	8	5

×

过滤块（卷积核）

1	2	3
–4	7	4
2	–5	1

=

特征图

51	66	

图 4-4-4 卷积计算示意

对应值的计算矩阵如下。

公式 3：

$$\underset{\text{输入值}}{\begin{bmatrix} x_1 & x_2 & x_3 \\ x_4 & x_5 & x_6 \\ x_7 & x_8 & x_9 \end{bmatrix}} \times \underset{\text{过滤块}}{\begin{bmatrix} \omega_1 & \omega_2 & \omega_3 \\ \omega_4 & \omega_5 & \omega_6 \\ \omega_7 & \omega_8 & \omega_9 \end{bmatrix}} + \underset{\text{偏置}}{b_0}$$

计算的结果如下。

公式 4：

$$y_0 = \begin{bmatrix} \omega_1 & \omega_2 & \omega_3 & \omega_4 & \omega_5 & \omega_6 & \omega_7 & \omega_8 & \omega_9 \end{bmatrix} \times \begin{bmatrix} x_1 \\ x_2 \\ x_3 \\ x_4 \\ x_5 \\ x_6 \\ x_7 \\ x_8 \\ x_9 \end{bmatrix} + b_0$$

对应点积转换后，结果如下。

公式 5：

$$y_0 = \omega_1 x_1 + \omega_2 x_2 + \omega_3 x_3 + \omega_4 x_4 + \omega_5 x_5 + \omega_6 x_6 + \omega_7 x_7 + \omega_8 x_8 + \omega_9 x_9 + b_0$$

利用公式 5 计算，结果如下。

$$2 \times 1 + 4 \times 2 + 9 \times 3 + 2 \times (-4) + 1 \times 7 + 4 \times 4 + 1 \times 2 + 1 \times (-5) + 2 \times 1 = 51$$

以步长 1 为单位，以行按列滑动接受域，第二个 3×3 输入接受域如图 4-4-4 所示。对应的计算结果如下：

$$4 \times 1 + 9 \times 2 + 1 \times 3 + 1 \times (-4) + 4 \times 7 + 4 \times 4 + 1 \times 2 + 2 \times (-5) + 9 \times 1 = 66$$

从第一行开始，依次滑动接受域，直到最后一个接受域。

在图 4-4-4 中添加 Padding 为 1 的 0 信息后，图及卷积计算（见图 4-4-5）。

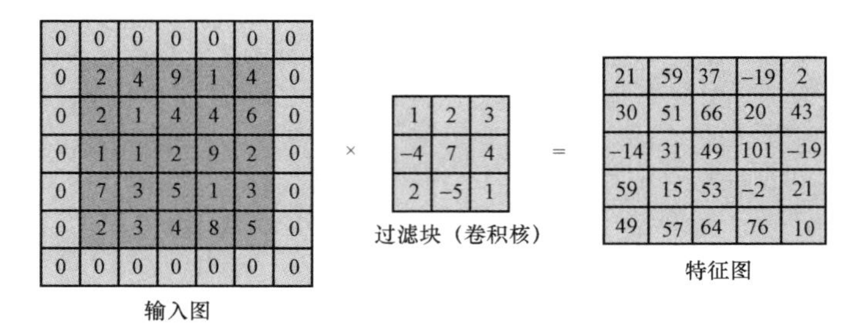

图 4-4-5　添加 Padding 的卷积计算过程示意

3. 参数共享

在过滤块（卷积核）滑动到其他区域块位置，计算输出节点 y_i 时，权值参数 w_1、w_2、w_3、w_4、w_5、w_6、w_7、w_8、w_9 和 b_0 全为共用参数（见图 4-4-6）。

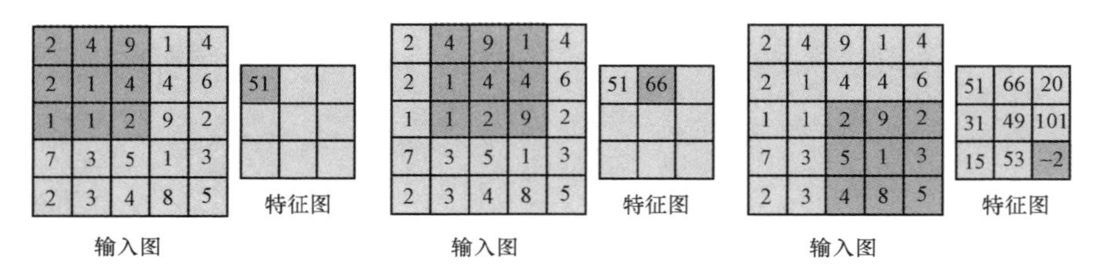

图 4-4-6　卷积过程参数共享

需要注意的是，Depth 维度上的 3 个通道（Red、Green、Blue 通道）的权重并不共享，即当 Depth 是 3 时，权重参数也对应着 3 组，如公式 6 所示，不同通道采用的是自己通道的权重参数。

$$y_0=[\omega_{r1} \quad \cdots \quad \omega_{r9}]\times\begin{bmatrix}x_{r1}\\x_{r2}\\x_{r3}\\x_{r4}\\x_{r5}\\x_{r6}\\x_{r7}\\x_{r8}\\x_{r9}\end{bmatrix}+[\omega_{g1} \quad \cdots \quad \omega_{g9}]\times\begin{bmatrix}x_{g1}\\x_{g2}\\x_{g^3}\\x_{g^4}\\x_{g5}\\x_{g6}\\x_{g7}\\x_{g8}\\x_{g9}\end{bmatrix}+[\omega_{b1} \quad \cdots \quad \omega_{b9}]\times\begin{bmatrix}x_{b1}\\x_{b2}\\x_{b3}\\x_{b4}\\x_{b5}\\x_{b6}\\x_{b7}\\x_{b8}\\x_{b9}\end{bmatrix}+b_0$$

在 32×32×3 的鸢尾花图片中，初始卷积过滤图片用的是 5×5×3 的过滤块（卷积核），这样卷积层每个神经元都有 75（5×5×3）个输入，总共有 75 个 Weight 参数再加 1 个 Bias 参数，卷积层的 Depth 值同样为 3。经过卷积处理后，变成 28×28×6 的特征图，再经过 5×5×6 的过滤块进行卷积处理，处理之后，变成 24×24×10 的特征图。依此类推，最后经过全连接层，变成一维的向量输出（见图 4-4-7）。

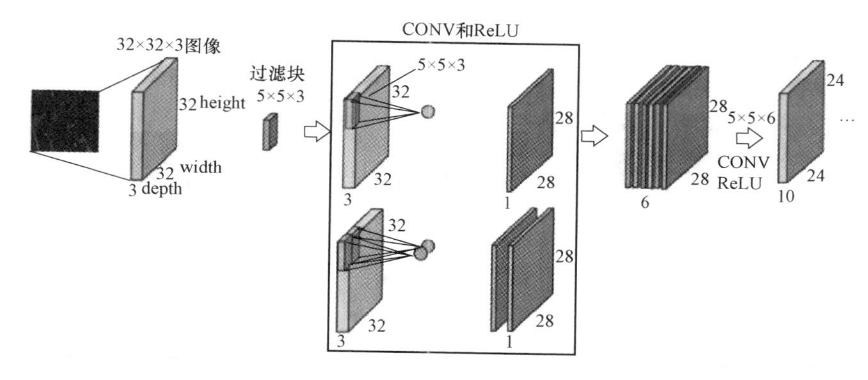

图 4-4-7　图像卷积过程示意

4. 池化

池化是卷积神经网络中卷积之后一个重要的操作，它本质是一种离散化的下采样过程。在卷积神经网络中加入卷积层，有助于减少卷积层的特征数量和减轻过拟合。池化操作主要有平均池化，最大池化和 L_2 范数池化。平均池化是对邻域内的特征点值求平均值的操作，最大池化是对邻域内的特征点值取最大值的操作。最大池化有助于消除噪声，通常效果好于平均池化（见图 4-4-8）。

池化层会不断地减小输入数据的特征空间大小，因此参数的数量和计算量会下降，在一定程度上会抑制过拟合。

另外需要注意，在卷积神经网络的池化层之前或池化层之后，通常会加一个非线性的激活函数。如在池化层之后加 ReLU 激活函数，可表示为 ReLU(MaxPool(x))。

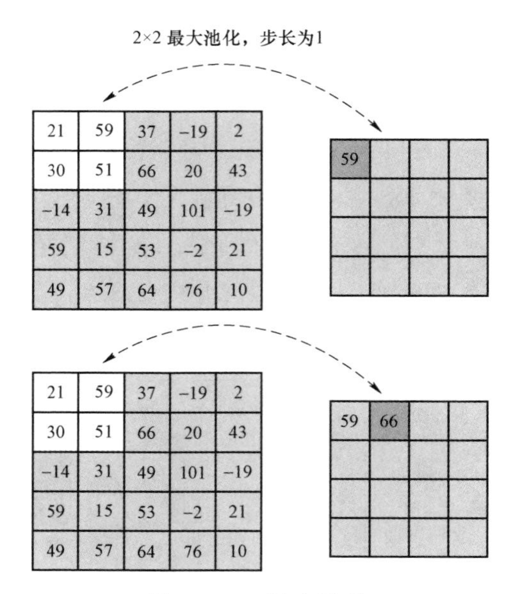

图 4-4-8　最大池化

5. 全连接

全连接层常出现在卷积神经网络的最后一层或多层，全连接层一般把卷积输出的二维特征图转化成一维向量（$N\times 1$）。N 的大小取决于任务的类型和要求。传统的端到端的卷积神经网络的输出是多分类（一般是一个概率值）或二分类的，每个输出类别是一个概率值，全连接层承担分类器或者回归的任务。全连接层之间通常会使用激活函数或加 Dropout 层。

（三）训练过程

CNN 的训练包括了从网络权值的初始化到网络模型输出的全过程，其可分为：

（1）对网络进行权值的初始化。

（2）输入数据经过卷积层、下采样层（池化）、全连接层向前传播得到输出值。

（3）计算出网络的输出值与目标值之间的误差。

（4）计算网络神经元误差，当误差大于期望值时，将误差反向传播到网络中，依次求得全连接层、下采样层、卷积层的误差；当误差等于或小于期望值时，结束网络训练，输出模型。

（5）根据计算出的误差进行权值更新，然后回到（2）进行迭代训练。

二、经典卷积神经网络结构

在卷积神经网络中，经典的网络结构有 LeNet 系列、AlexNet、ZFNet、VGGNet、GoogLeNet、ResNet。下面就 LeNet 系列的基础原理及构成进行详细介绍，就 AlexNet、VGGNet、GoogLeNet 进行简单介绍。

（一）LeNet

LeNet 算法是一个基于反向传播的，用来解决手写数字图片识别任务的卷积神经网络，由 LeCun 于 1989 年提出。LeNet 经历了 5 个版本的演化，分别是 LeNet 1、LeNet 2、LeNet 3、LeNet 4、LeNet 5。CNN 架构采用了 3 个具体的思想：局部接受域、约束权重、空间子抽样。基于局部接受域，卷积层中的每个单元接受来自上一层的一组相邻单元的输入。通过这种方式，神经元能够提取基本的视觉特征，如边缘或角落。然后，这些特征被随后的卷积层合并，以检测更高阶的特征。下面就 LeNet 1 和 LeNet 5 分别进行简单介绍。

1. LeNet 1

最初的 LeNet 1 网络结构，除了输入层和输出层之外，还包含了 3 层（H_1、H_2、H_3），分别为卷积层、池化层、全连接层。输入是归一化的 16×16 的图片（256 个单元），输出是 10 个单元（每单元一个类别）（见图 4-4-9、图 4-4-10）。

H1 层由 12 个独立的 8×8 的映射单元组成，分别为 H1.1～H1.12。每个单元由 5×5 个邻接卷积单元作为输入，输入层、H1 层到 H2 层为无采样，即在 H1 层中 64 个单元采用同样的权值。每个单元的 Bias（阈值）并不共享，即每个单元有 25 个输入和 1 个 Bias。因此，H1 层有 768 个（8 × 8 × 12）单元、19 968 个（768 ×（25 + 1））连接。由于许多连接共享同一权值，所以只有 1 068 个（768 + 25 × 12）自由参数。

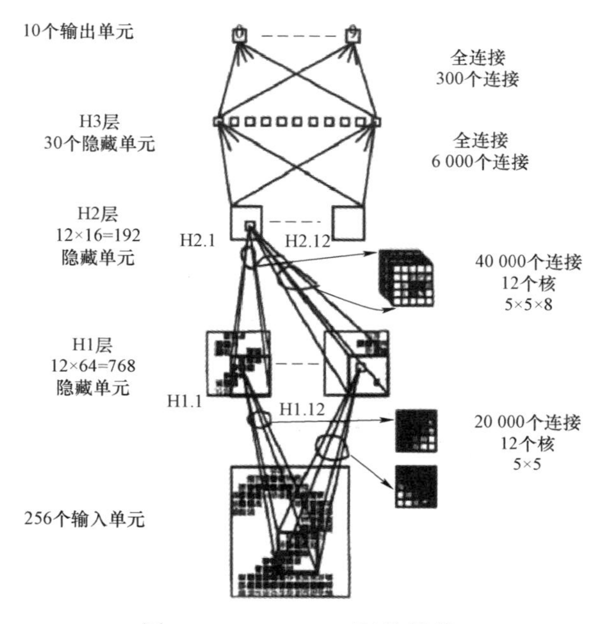

图 4-4-9　LeNet 1 网络结构

	隐藏单元	链接	参数
Out-H3 (FC)	10 Visible	10×(30+1)=310	10×(30+1)=310
H3-H2 (FC)	30	30×(192+1)=5 790	30×(192+1)=5 790
H2-H1 (CONV)	12×4×4=192	192×(5×5×8+1)=38 592	5×5×8×12+192=2 592
H1-Input (CONV)	12×8×8=768	768×(5×5×1+1)=19 968	5×5×1×12+768=1 068
Totals	16×16 In+990 Hidden+10 Out	64 660个链接	9 760个参数

图 4-4-10　LeNet 1 网络参数

H2 层中每个单元接受来自 H1 层 12 个核中 8 个核的局部信息，接受域为 8 × 5 × 5 邻接单元。因此，H2 层有 200 个输入、200 个权值和 1 个 Bias，即 H2 层包含 192 个（12 × 4 × 4）单元、38 592 个（192 × 201，在 H1 和 H2 之间）连接，这些连接由 2 592 个（12 × 200 + 192）自由参数控制。

H3 层有 30 个单元，全连接到 H2 层，连接数为 5 790（即 30 × 192 + 30），输出层有 10 个单元，全连接到 H3 层（有 310 个权值）。

整个网络有 1 256 个（16 × 16 × 990 + 10）单元、64 660 个连接、9 760 个独立参数。

2. LeNet 5

LeNet5 共 7 层（不包含输入层），如图 4-4-11 所示。卷积层用 C_x 表示，子采样层用 S_x 表示，全连接层用 F_x 表示，x 是层号。初始输入是 32 × 32 的图片，总共有 340 908 个连接、60 000 个训练自由参数。

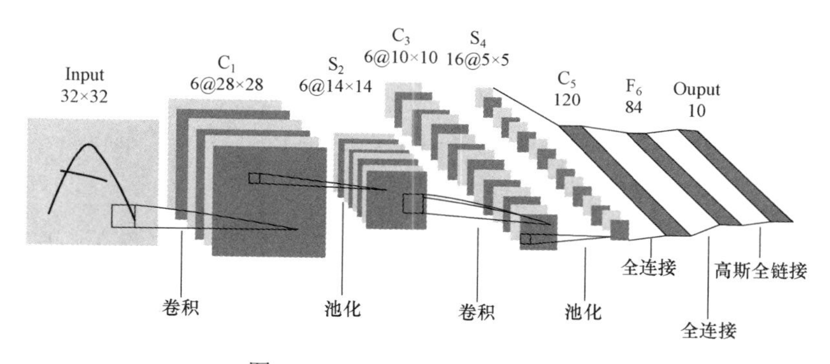

图 4-4-11　LeNet 5 网络结构

（1）C_1 层是卷积层，有 6 个 28 × 28 的特征图，在每个特征图中每个单元由 25 个连接输入生成（5 × 5，卷积核），在一个特征图中有 25 个可训练参数和 1 个训练偏差（Bias）参与共享。因此，C_1 层共有 156 个（6 ×（5 × 5 + 1））可训练自由参数和 122 304 个（156 × 28 × 28）连接。

（2）S_2 层是子采样层（池化层），子采样层的引入是为了消减特征图的解空间和输出结果对漂移及扭曲的敏感度，因为在图中每个特征精确位置对识别结果的帮助并不大，还可能随着特征的不同实例化而发生变化。子采样层由 6 个 14×14 的特征图构成，每个特征图中每个接受单元连接到 C_1 层的对应特征图的 4 个（2×2）邻接域。S_2 层中单元值由 C_1 层中的 4 个输入单元相加再取平均值，然后乘以可训练系数（权重），再加可训练偏差（bias），最后通过一个 Sigmoid 函数取得。由于 4 个（2×2）感受域不重叠，因此 S_2 层中的特征图只有 C_1 层中特征图的一半行数和列数，训练参数和训练偏差控制 Sigmoid 的非线性效果。如果参数小，单元操作处于次线性模式，子采样仅模糊输入；如果参数大，子采样单元操作可看作由训练偏差决定的“噪声或”或者“噪声与”函数。S_2 层有 12 个（2×6）可训练参数和 5 880 个（$5 \times 14 \times 14 \times 6$）连接。

（3）C_3 层是卷积层，有 6 个 10×10 的特征图，在特征图中的每个单元连接来自 S_2 层的 5×5 的邻接域。C_3 层非完全连接 S_2 层，前 6 个 C_3 特征图的输入以 S_2 中相邻 3 个特征图的连续子集作为输入，接下来的 6 个特征图的输入则以 S_2 中相邻 4 个特征图的连续子集作为输入，在接下来的 3 个特征图的输入来自 S_2 中非连续的 4 个特征图的子集，最后 1 个特征图的输入来自 S_2 的所有特征图。C_3 层有 1 516 个$(6 \times (3 \times 5 \times 5 + 1) + 6 \times (4 \times 5 \times 5 + 1) + 3 \times (4 \times 5 \times 5 + 1) + 1 \times (6 \times 5 \times 5 + 1))$ 可训练参数和 151 600 个$(10 \times 10 \times 1\,516)$连接。

C_3 层与 S_2 层中前 3 个特征图相连的卷积结构示意如图 4-4-12 所示，每次卷积后 C_3 层可得到 1 个特征图，6 次卷积共得到 6 个特征图，所以有 $6 \times (3 \times 5 \times 5 + 1)$个参数。通过此方法不仅减少了参数个数，还能利用不对称的组合连接方式方便地提取多种组合特征（见图 4-4-12）。

（4）S_4 层是子采样层（池化层），有 16 个 5×5 的特征图，特征图中每个单元连接 C_3 层中大小为 2×2 的邻接单元。S_4 层有 32 个可训练参数和 2 000 个$[16 \times (2 \times 2 + 1) \times 5 \times 5]$连接。

（5）C_5 层是带有 120 个特征图的卷积层。每个单元连接 S_4 层所有（16 个）特征图上 5×5 的邻接单元。由于 S_4 的特征图大小是 5×5，所以 C_5 的输出大小是 1×1，S_4 和 C_5 之间是完全连接的。C_5 是卷积层，不是全

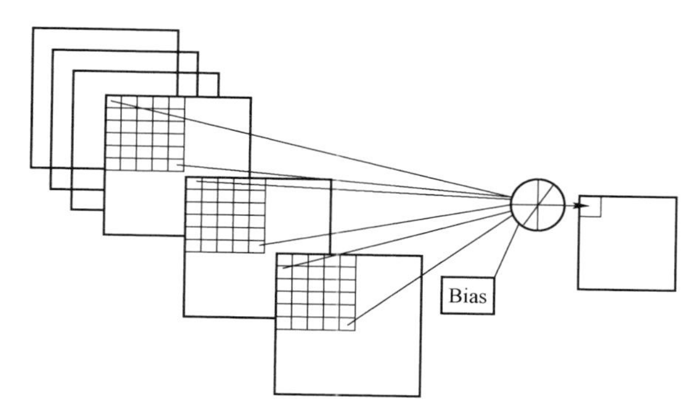

图 4-4-12　C_3层与S_2层中前 3 个特征图相连的卷积结构

连接层，因为如果 LeNet 5 在其他保持不变的情况下，输入变大，那么其输出特征图维度会大于 1×1。C_5层有 48 120 个[120×(16×5×5+1)]可训练连接和 48 120 个参数。

（6）F_6层是全连接层，完全连接到C_5，包含 84 个神经单元，对应于一个 7×12 的 ASCII 编码位图，每个符号的比特图对应于一个编码，每个字符都是 7×12 像素位图。每个神经单元与C_5层中 120 个单元相连接，因此有 10 164 个[84×(120+1)]连接，此外，权值不共享，可训练参数也为 10 164 个。

（7）Output 层是全连接层，采用径向基函数连接生成神经单元节点，共有 10 个神经单元（类别），每个神经单元（类别）由F_6层的 84 个神经单元输入连接。本层由 Sigmoid 函数产生神经单元状态，如节点i的权值用a_i表示，产生的状态x_i用 Sigmoid 函数（双曲正切函数）表示为公式 7：

$$x_i = f(a_i)$$

其中，$f(a) = A\tanh S_a$，f是奇函数，A伸缩系数，其经验值为 1.715 9，S是起始处的斜率。假设x是上一层的输入，为 0～9 的 10 个手写体数字，那么可以把它理解为哪一个神经单元输出的数大，那个神经单元代表的数字就为结果y，y由欧几里得径向基函数表示。

公式 8：

$$y_i = \sum_j (x_j - \omega_{ij})^2$$

其中，F_6 层的 84 个输入用 x_j 表示，权值用 w_{ij} 表示。它的值由 j 的比特图编码确定，j 的取值从 0 到 $7 \times 12 - 1$，输出为 i，i 的取值为 0 到 9。式中，输入和权值的距离平方和越小，表示越相近，RBF 输出的值越接近于 0，即越接近于 i 的标准 ASCII 编码位图，表示当前网络输入的识别结果是字符 i 的可能性越大。本层的连接数为 $84 \times 10 = 840$ 个，参数个数也为 840 个（见表 4-4-1、图 4-4-13）。

表 4-4-1　LeNet5 网络参数

层序号	层名	输入大小	输出大小	卷积核大小	输入通道数	输出通道数	步长	参数	连接数
1	C_1(CONV)	32 × 32	28 × 28	5 × 5	1	6	1	156	122 304
2	S_2(POOL1)	28 × 28	14 × 14	2 × 2	6	6	2	12	5 880
3	C_3(CONV)	14 × 14	10 × 10	5 × 5	6	16	1	1 516	151 600
4	S_4(POOL2)	10 × 10	5 × 5	5 × 5	16	16	2	32	2.000
5	C_5(CONV)	5 × 5	1 × 1	5 × 5	16	120	1	48 120	48 120
6	F_6	120 × 1	84 × 1		1	1	1	10 164	10 164
7	Output (Sigmoid)	84 × 1	10 × 1						

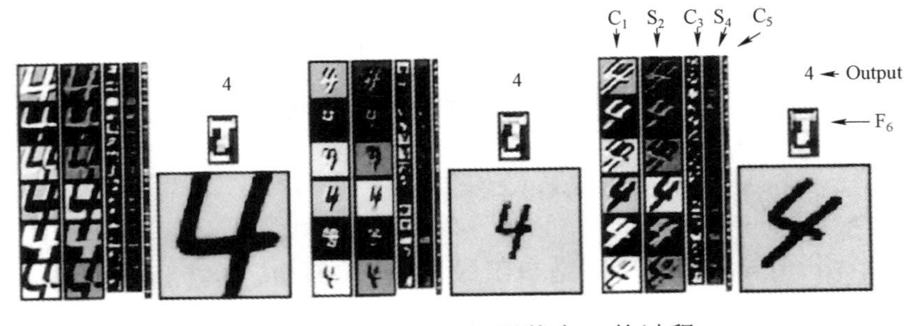

图 4-4-13　LeNet5 识别数字 4 的过程

（8）LeNet 5 的损失函数用 MLE（Maximum Likelihood Estimation）进行计算。

公式 9：

$$E(W)=\frac{1}{P}\sum_{p=1}^{p} y_{D^p}(Z^p,W)+\lg\left(\mathrm{e}^{-j}+\sum_i \mathrm{e}^{-y_i(Z^p\cdot W)}\right)$$

其中，yD^p 表示第 D_p^{-th} 个 RBF 神经单元的输出，Z_p 是输入模式，D_p 表示正确的类别，第二项 lg 函数是不正确类别（如来自图片背景的无效信息所属类别）的惩罚项，j 是正数。

在损失函数的梯度计算中，所有卷积层的所有权值使用 BP 反向传播算法进行计算。关于它们在 BP 算法中的迭代推导过程，不再赘述。

虽然 LeNet 能够从原始图像的像素中获取有效表征，但仍在大规模训练和计算能力方面有所欠缺。AlexNet 继承了它的特点，经过 ImageNet 竞赛而为人所知，AlexNet 通过引入 ReLU、Dropout、LRN 及 GPU 加速运算，使得在 120 万张图片的 1 000 类分类任务上训练速度、网络深度、预测精度都有了较大提升。训练 CNN 时可能出现的困难之一是需要学习大量的参数，这可能会导致过拟合。为此，提出了随机池、Dropout 和数据增强等技术。

3. LeNet 构建及应用

LeNet 网络结构相对简单，适用于简单的图像分类任务学习，经常部署在端侧平台。在实践中，初学者通常采用 Keras 搭建 LeNet 5 网络进行学习训练，使用 Keras 搭建 LeNet 5 可以分为模型选择、网络构建、编译、网络训练、预测这几个步骤。Keras 中有 Sequential 模型（单输入、单输出）和 Model 模型（多输入、多输出），选用 Sequential 模型，数据集选用 mnist 集合。

```
from keras.models import Sequential
from keras.datasets import mnist
from keras.layers import Flatten,Conv2D,MaxPool2D,Dense
from keras.optimizers import SGD
from keras.utils import to_categorical,plot_model
import matplotlib.pyplot as plt
```

（1）导入数据并处理

mnist 工具读取数据，输入数据维度是(num,28,28) (x_train,y_train),(x_test,y_test) = mnist.load_data()

#数据重塑为 Tensorflow—Backend 形式，训练集为 60 000 张图片，测试集为 10 000 张图片

```
x_train = x_train.reshape(x_train.shape[0],28,28,1)
x_test = x_test.reshape(x_test,shape[0],28,28,1)
```

#把标签转为 one—hot 编码

```
y_train = to_categorical(y_train,num_classes = 10)
y_test = to_categorical(y_test,num_classes = 10)
```

（2）构建网络

#选择顺序模型

```
model = Sequential()
```

#padding 值为 valid 的计算情况，见表 4-4-1 注

#给模型添加卷积层、池化层、全连接层、压缩层，使用 Softmax 函数分类

```
model.add(Conv2D(input_shape = (28,28,1),filters = 6,kernel_size = (5,5),padding = 'valid',activation = 'tanh'))
model.add(MaxPool2D(pool_size = (2,2),strides = 2))
model.add(Conv2D(input_shape = (14,14,6),filters = 16,kernel_size = (5,5),padding = 'valid',activation = 'tanh'))
model.add(MaxPool2D(pool_size = (2,2),strides = 2))
model.add(Flatten())
model.add(Dense(120,activation = 'tanh'))
model.add(Dense(84,activation = 'tanh'))
model.add(Dense(10,activation = 'softmax'))
```

#显示网络主要信息

```
model.summary()
```

（3）编译模型

```
#定义损失函数、优化器、训练过程中计算准确率
model.compile(loss = categorical_crossentropy,optimizer =
SGD(Ir = 0.01),metrics = Caccuracy))
```

（4）训练模型

```
history = model.fit(x_train,y_train,batch_size = 128,epochs =
30,validation_data = (x_test,y_test))
print(history.history.keys())
```

（5）预测评价

```
score = model.evaluate(x_test,y_test,verbose = 0)
print(Test loss:,score[0])
print('Test accuracy:',score[1])
```

（二）AlexNet

AlexNet 是辛顿的团队 Alex 在 2012 年的 ImageNet 竞赛中提出的深度学习模型。AlexNet 网络有 6 000 万个参数、650 000 个神经元、5 个卷积层、3 个池化层和 3 个全连接层，网络训练应用了 ReLU、Dropout 和 LRN 等 Trick，通过两个 GPU 协同训练进行运算加速（见图 4-4-14）。

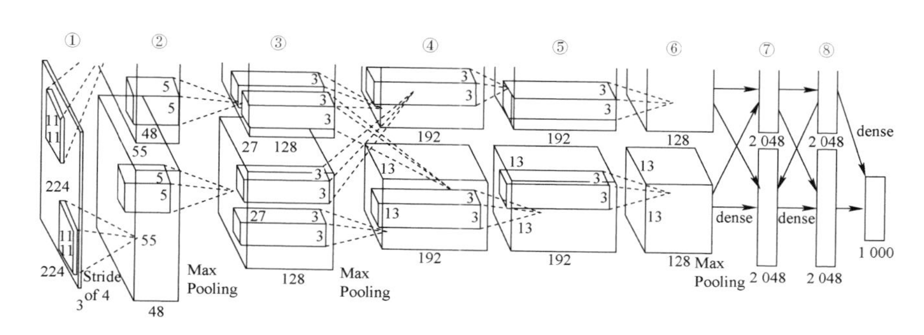

图 4-4-14　AlexNet 网络结构

1. AlexNet 的基本原理

AlexNet 输入的图像大小是 224×224×3（由于 224 不能被卷积核 11 整除，现在通常输入是 227×227×3）。在第 1 卷积层 CONV1 使用了 96 个 11×11×3 大小的卷积核，步长为 4，通过计算 $\frac{227-11}{4}+1=55$，得到 55×55×96 的特征图。在第 1 卷积层后连接 ReLU1，然后连接 LRN 层（局部响应归一化），local—size 为 5，接着连接池化层，采用最大池化方法。池化卷积核大小为 3×3，步长为 2，经过计算 $\frac{55-3}{2}+1=27$，得到 27×27×96 的特征图，最终得到 27×27×96 的特征数据图。所以，在输入图像到第 2 卷积层之前，经历的过程是 CONV1→ReLU1→LRN→Max Pooling。

第 2 卷积层接受 27×27×96 的特征图，使用了 256 个 5×5×48 大小的卷积核，Padding 填充为 2，经过计算 $\frac{27-5+2\times2}{2}+1=27$，得到 27×27×256 的特征图，连接 ReLU2，然后连接 LRN 层，Local—Size 为 5，接着连接池化层 Pool2。池化层卷积核大小为 3×3，步长为 2，经过计算 $\frac{27-3}{2}+1=13$，得到 13×13×96 的特征图，最终得到 13×13×256 的特征图。需要注意：Group 为 2，卷积分为两部分来完成，经历的过程是 CONV2→ReLU2→LRN→Max Pooling。

第 3 卷积层，接受 13×13×256 的特征图，使用 384 个 3×3×256 大小的卷积核，Padding 为 1，经过计算 $\frac{13-3+1\times2}{1}+1=13$，得到 13×13×384 的特征图，然后连接 ReLU3，最后输出 13×13×384 的特征图。经历的过程是 CONV3→ReLU3。

第 4 卷积层，接受 13×13×384 的图像，使用 384 个 3×3×192 大小的卷积核，Padding 为 1，经过计算 $\frac{13-3+1\times2}{1}+1=13$，得到 13×13×384 的特征图，然后连接 ReLU4，最后输出 113×13×384 的特征图。经过的历程是 CONV4→ReLU4。

第 5 卷积层，接受 $13 \times 13 \times 384$ 的图像，使用 256 个 $3 \times 3 \times 192$ 大小的卷积核，Padding 为 1，经过计算 $\frac{13-3+1\times 2}{1}+1=13$，得到 $13 \times 13 \times 256$ 的特征图，然后连接 ReLU5，再连接池化层 Pool5。池化层卷积核大小为 3×3，步长为 2，经过计算 $\frac{13-3}{2}+1=6$，得到 $6 \times 6 \times 256$ 的特征图，最后输出 $6 \times 6 \times 256$ 的特征图。经历的过程是 CONV5→RELU5→Pooling。

第 6 层是全连接层，输入 $6 \times 6 \times 256$ 的特征图，经过 FC→ReLU6→Dropout，输出 $4\,096 \times 1$ 的特征图。

第 7 层是全连接层，输入是 $4\,096 \times 1$ 的特征图，经过 FC→ReLU7→Dropout，输出 $4\,096 \times 1$ 的特征图。

第 8 层是全连接层，是将 1 000 类输出的 Softmax 层用作分类，输入 $4\,096 \times 1$ 的特征图，经过 FC→Softmax，输出 1 000 个神经元，表示 1 000 个类别。

2. AlexNet 的网络特点

（1）使用 ReLU 作为 CNN 的激活函数，解决了在网络较深时的梯度弥散问题。

（2）在全连接层引入 Dropout，训练时随机忽略一部分神经元节点，不更新连接权重，以避免模型训练过拟合。

（3）使用重叠的最大池化，让步长小于池化核的尺寸大小，使得池化层的输出之间有重叠和覆盖，提升特征的丰富性。

（4）引入 LRN 层，在 ReLU 之后加入 LRN 层，引入神经元的侧向抑制机制，对局部神经元的活动创建竞争机制，增强了模型的泛化能力。

（5）数据增强，使用 Random Crop 和 Flip 的方法，从 256×256 的像素块中随机提取 224×224 Patches 扩充训练样本的数据量，同时通过改变 RGB 通道的强度进行数据增强，防止过拟合，并提升训练模型的泛化能力。

ZFNet 是 ILSVRC 2013 比赛的获胜者，它是 AlexNet 的优化版，重点解释了卷积神经网络中各层的作用，扩大了中间卷积层的大小，使得第 1 层的步长和卷积核变得更小。

（三）VGGNet

VGG 是 Visual Geometry Group 的简称，2014 年，牛津大学计算机视觉组和 Google DeepMind 公司提出了新的深度卷积神经网络 VGGNet（搭建了 16～19 层），VGGNet 通过反复堆叠 3×3 的小型卷积核和 2×2 的最大池化层，研究了卷积神经网络的深度与其性能之间的关系，证明了增加网络的深度能够在一定程度上影响网络最终的性能，相比于之前 state-of-the-art 的网络结构，VGGNet 错误率大幅下降，也有较强的泛化能力。它在 ILSVRC 2014 比赛中获得定位项目的第一名和分类项目的第二名（第一名是 2014 年提出的 GoogLeNet）。根据卷积层＋全连接层的数量，VGGNet 分为 VGGNet 11、VGGNet 13、VGGNet 16 和 VGGNet 19。其中，VGGNet 11 包含 8 个卷积层和 3 个全连接层，VGGNet 16 包含 13 个卷积层和 3 个连接层，VGGNet 19 包含 16 个卷积层和 3 个全连接层（见图 4-4-15）。

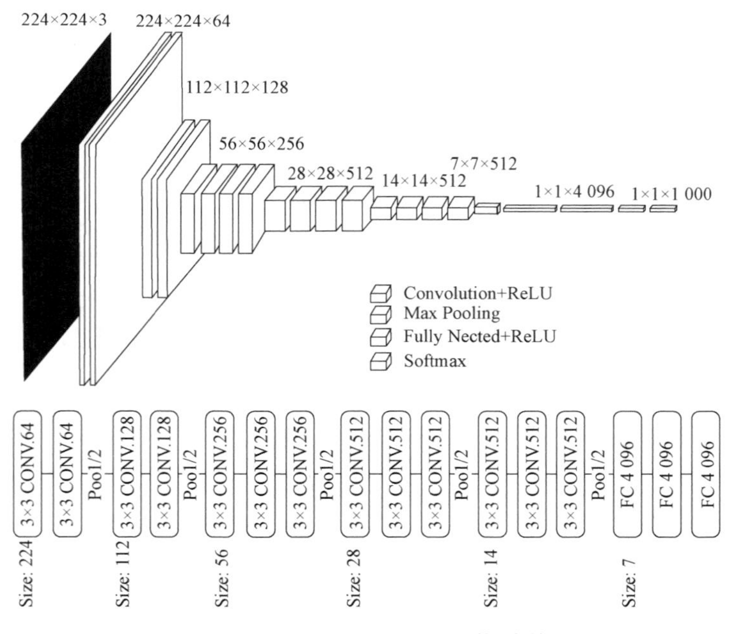

图 4-4-15　VGGNet 16 网络结构

1. VGGNet 16 的基本原理

在 VGGNet 16 中卷积核的大小为 3 × 3，每个卷积层包含 2～4 个卷积操作。卷积步长为 1，池化的卷积核为 2 × 2，池化的步长为 2（见表 4-4-2）。

表 4-4-2　VGGNet 16 网络结构参数

分层		特征图	尺寸	内核大小	步长	激活
输入	图像	1	224 × 224 × 3			
1	2 × Convolution	64	224 × 224 × 64	3 × 3	1	ReLU
	Max Pooling	64	112 × 112 × 64	3 × 3	2	ReLU
3	2 × Convolution	128	112 × 112 × 128	3 × 3	1	ReLU
	Max Pooling	128	56 × 56 × 128	3 × 3	2	ReLU
5	2 × Convolution	256	56 × 56 × 256	3 × 3	1	ReLU
	Max Pooling	256	28 × 28 × 256	3 × 3	2	ReLU
7	3 × Convolution	512	28 × 28 × 512	3 × 3	1	ReLU
	Max Pooling	512	14 × 14 × 512	3 × 3	2	ReLU
10	3 × Convolution	512	14 × 14 × 512	3 × 3	1	ReLU
	Max Pooling	512	7 × 7 × 512	3 × 3	2	ReLU
13	FC		25 088			ReLU
14	FC		4 096			ReLU
15	FC		4 096			ReLU
Output	FC		1 000			Softmax

如图 4-4-16 所示为 VGGNet 16 的详细处理过程，具体如下。

（1）CONV_1：输入 224 × 224 × 3 的图片，经 64 个 3 × 3 的卷积核进行 2 次卷积，卷积步长为 1，每层卷积后连接 ReLU，卷积后输出的特征图大小为 224 × 224 × 64。

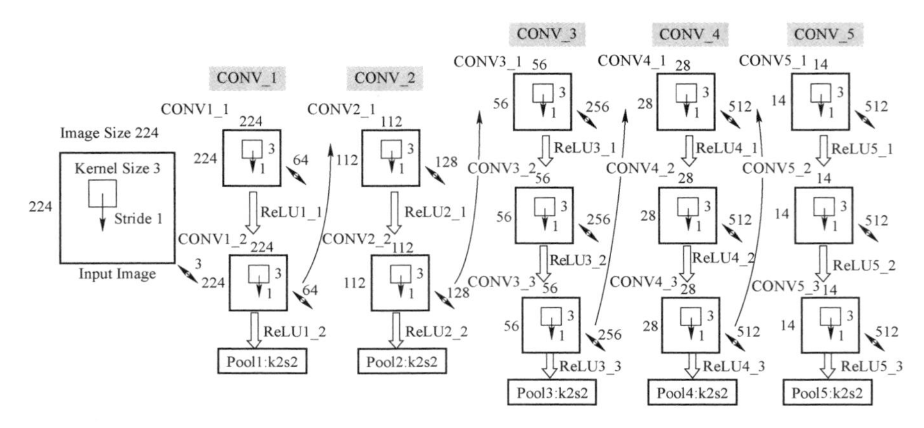

图 4-4-16　VGGNet 16 的详细处理过程

（2）池化操作 Max Pooling：池化卷积核为 2×2（使得图像尺寸减半），池化步长为 2，池化后输出的特征图大小为 112×112×64。

（3）CONV_2：经 128 个 3×3 的卷积核进行 2 次卷积，卷积步长为 1，每层卷积后连接 ReLU，卷积后输出的特征图大小为 112×112×128。

（4）池化操作 Max Pooling：池化卷积核为 2×2，池化后输出的特征图大小为 56×56×128。

（5）CONV_3：经 256 个 3×3 的卷积核进行 3 次卷积，卷积步长为 1，每层卷积后连接 ReLU，卷积后输出的特征图大小为 56×56×256。

（6）池化操作 Max Pooling：池化卷积核为 2×2，池化后输出的特征图大小为 28×28×256。

（7）CONV_4：经 512 个 3×3 的卷积核进行 3 次卷积，卷积步长为 1，每层卷积后连接 ReLU，卷积后输出的特征图大小为 28×28×512。

（8）池化操作 Max Pooling：池化卷积核为 2×2，池化后输出的特征图大小为 14×14×512。

（9）CONV_5；经 512 个 3×3 的卷积核进行 3 次卷积，卷积步长为 1，每层卷积后连接 ReLU，卷积后输出的特征图大小为 14×14×512。

（10）池化操作 Max Pooling：池化卷积核为 2×2，池化后输出的特征图大小为 7×7×512。

（11）全连接3层，第13层全连接层大小为1×1×25 088，再连接ReLU、14层和15层的大小是1×1×4 096（共3层）。

（12）通过Softmax输出1 000个预测结果。

整个网络VGGNet 11到VGGNet 19的网络配置参数如表4-4-3所示，VGGNet 16属于网络结构D。A、A-LRN、B、C、D、E网络结构的处理过程是类似的，这6种网络结构的深度从11层增加至19层，但参数变化不大，其主要原因是采用了小卷积核（3×3，只有9个参数），另外在网络中参数主要集中在全连接层。

表4-4-3　VGGNet 1到VGGNet 19的网络配置

ConvNet Configuration					
A	A—LRN	B	C	D	E
11 weight layers	11 weight layers	13 weight layers	16 weight layers	16 weight layers	19 weight layers
input（224×224 RGB image）					
CONV3—64	CONV3—64 LRN	CONV3—64 CONV3—64	CONV3—64 CONV3—64	CONV3—64 CONV3—64	CONV3—64 CONV3—64
Max Pooling					
CONV3—128	CONV3—128	CONV3—128 CONV3—128	CONV3—128 CONV3—128	CONV3—128 CONV3—128	CONV3—128 CONV3—128
Max Pooling					
CONV3—256 CONV3—256	CONV3—256 CONV3—256	CONV3—256 CONV3—256	CONV3—256 CONV3—256 CONV1—256	CONV3—256 CONV3—256 CONV3—256	CONV3—256 CONV3—256 CONV3—256 CONV3—256
Max Pooling					
CONV3—512 CONV3—512	CONV3—512 CONV3—512	CONV3—512 CONV3—512	CONV3—512 CONV3—512 CONV1—512	CONV3—512 CONV3—512 CONV3—512	CONV3—512 CONV3—512 CONV3—512 CONV3—512

续表

ConvNet Configuration					
A	A—LRN	B	C	D	E
11 weight layers	11 weight layers	13 weight layers	16 weight layers	16 weight layers	19 weight layers
Max Pooling					
CONV3—512 CONV3—512	CONV3—512 CONV3—512	CONV3—512 CONV3—512	CONV3—512 CONV3—512 CONV1—512	CONV3—512 CONV3—512 CONV3—512	CONV3—512 CONV3—512 CONV3—512 CONV3—512
Max Pooling FC—4096 FC—4096 FC—1000 Softmax					

需要注意的是：通过网络 A—LRN 发现，AlexNet 增加的 LRN 层并没有带来性能的提升。随着网络结构深度的增加，分类性能逐渐提高。多个小卷积核比单个大卷积核性能好，因而使用多个 3×3 卷积核代替 7×7 卷积核。

2. VGGNet 的特点

（1）网络结构简洁，层与层之间使用 Max Pooling 分开，隐层的激活单元全采用 ReLU 激活函数。

（2）使用小卷积核和多卷积子层，VGGNet 引入了 1×1 的小卷积核，使用多个 3×3 卷积核的卷积层代替大卷积核的卷积层，不仅实现了参数的缩减，还通过更多的非线性映射，增加了网络的拟合能力。

（3）使用小池化核和逐渐增加通道的方式，全部采用 2×2 的池化核；同时网络中每层的特征图特征大小采用递增方式，从 64 递增到 512，使得更多的信息能够被提取出来。

（四）GoogLeNet

2014年，GoogLeNet在ImageNet挑战赛中获得第一名，与VGGNet继承了LeNet和AlexNet框架结构不同，GoogLeNet采用了全新的22层网络架构，提出了Inception层。LeNet、AlexNet、VGGNet等结构都通过增大网络的深度（层数）来获得更好的训练效果，但层数的增加会带来过拟合、梯度消失、梯度爆炸等问题。Inception则从高效地优化网络内的计算资源，以及在相同计算量下提取更多的特征等角度来设计结构，提升训练结果。

1. Inception层

Inception层结构思想是在卷积网络中发现局部稀疏结构并用稳固的结构组件去替代，即将稀疏小结构聚类为较为密集的大结构块来提高计算性能，既能保持网络结构的稀疏性，又能利用密集矩阵的高计算性能。

如图4-4-17所示，采用不同大小的卷积核意味着不同大小的感受野，最后拼接意味着不同尺度特征的融合。该结构将CNN中常用的卷积（1×1、3×3、5×5）和池化操作（3×3）堆叠在一起（卷积、池化后的尺寸相同，将通道相加），一方面增加了网络的宽度，另一方面也增加了网络对尺度的适应性。网络卷积层中的网络能够提取输入的每一个细节信息，同时5×5的滤波器能够覆盖大部分接受层的输入，还可以进行一

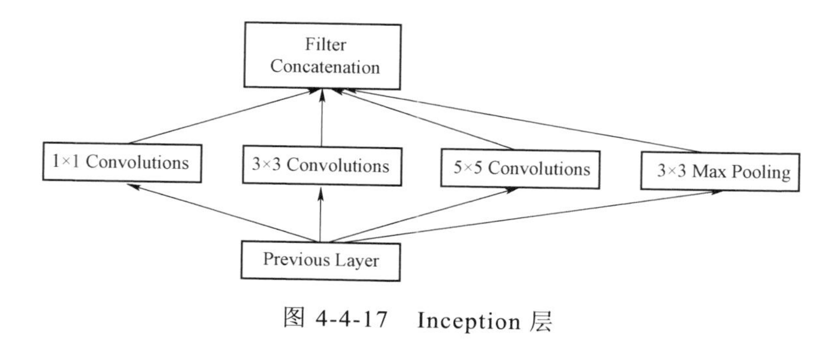

图4-4-17　Inception层

个池化操作，以减少空间大小，降低过度拟合的程度。在每一个卷积层后都要做一个 ReLU 操作，以增加网络的非线性特征。为了方便对齐，卷积核大小采用 1、3 和 5。设定卷积步长 Stride = 1 之后，只要分别设定 Padding 为 0、1 和 2，那么卷积之后便可以得到相同维度的特征，这些特征可以直接拼接在一起。

所有的卷积核都在上一层的所有输出上完成，而 5 × 5 的卷积核所需的计算量较大，导致特征图的厚度很大，为了避免这种情况，在卷积核 3 × 3、5 × 5 和 Max Pooling 之后分别加上了 1 × 1 的卷积核，以起到了降低特征图厚度的作用，这就形成了 Inception V1 的网络结构（见图 4-4-18）。

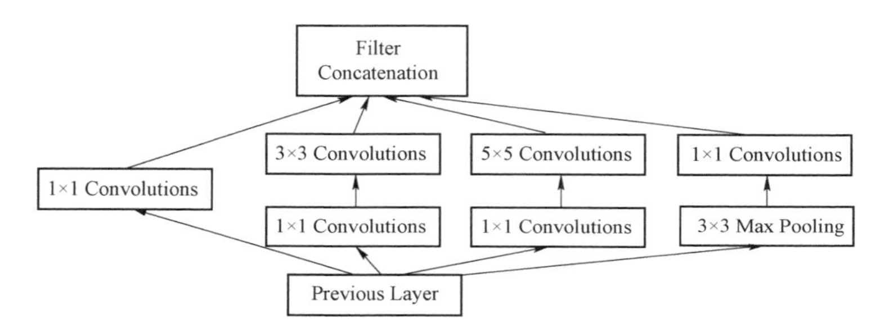

图 4-4-18　带有维度消减的 Inception V1 的网络结构

2. GoogLeNet 的基本原理

GoogLeNet 采用了模块化的结构（见图 4-4-19）。

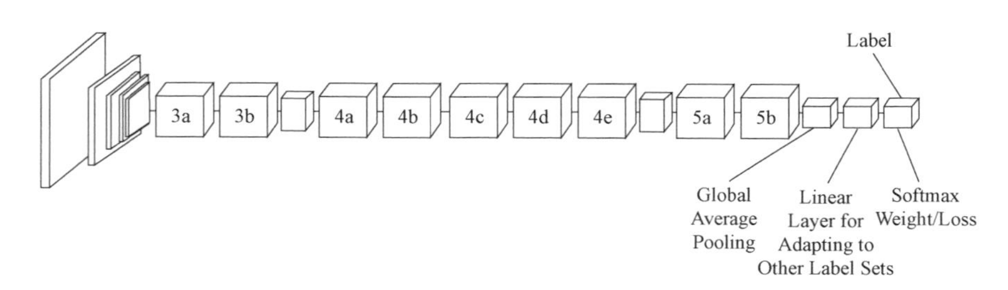

图 4-4-19　GoogLeNet 模块结构

GoogLeNet 结构层的结构设计基本类似。

第 1 卷积层：原始输入图像大小为 224 × 224 × 3，且都进行了零均值化的预处理操作，即图像每个像素减去平均值，然后使用 7 × 7 的卷积核，滑动步长为 2，Padding 为 3，64 通道，输出特征图大小为 112 × 112 ×64，接着在卷积后进行 ReLU 操作。

池化 Max Pooling，使用 3 × 3 的池化卷积核，步长为 2，输出特征图大小为[(112 − 3 + 1)/2] + 1 = 56，即 56 × 56 × 64，再进行 ReLU 操作。

第 2 卷积层：使用 3 × 3 的卷积核，滑动步长为 1，Padding 为 1，192 通道，输出特征图大小为 56 × 56 × 192，接着在卷积后进行 ReLU 操作。

池化 Max Pooling，使用 3 × 3 的池化卷积核，步长为 2，输出的特征图大小为[(56-3 + 1)/2] + 1 = 28，即 28 × 28 × 192，再进行 ReLU 操作。

第 3 层（Inception 3a 层）：如图 4-4-20 所示，需要经过 64 个 1 × 1 的卷积核，然后进行 ReLU 计算，输出大小为 28 × 28 × 64。

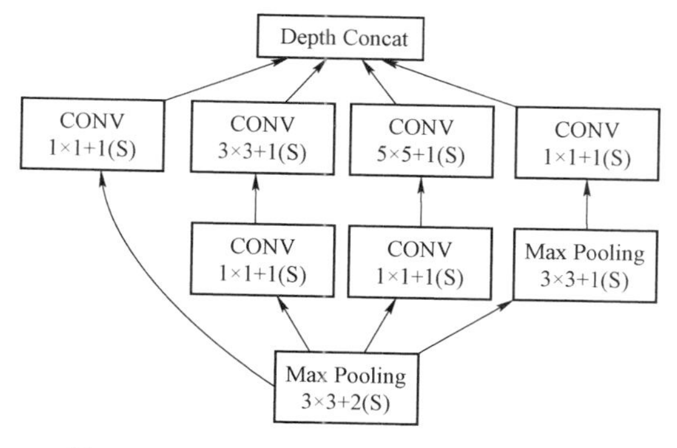

图 4-4-20　第三层（Inception 3a 层）

96 个 1 × 1 的卷积核作为 3 × 3 卷积核之前的降维，变成 28 × 28 × 96，然后进行 ReLU 计算，再进行 128 个 3 × 3 的卷积，Padding 为 1，输出大小为 28 × 28 × 128。

16 个 1 × 1 的卷积核作为 5 × 5 卷积核之前的降维，输出大小为 28 × 28 × 16，进行 ReLU 计算后，再进行 32 个 5 × 5 的卷积，Padding 为 2，输出大小为 28 × 28 × 32。

Max Pooling 池化层使用 3 × 3 的卷积核，Padding 为 1，输出大小为

28 × 28 × 192，然后进行 32 个 1 × 1 的卷积，输出大小为 28 × 28 × 32。

第 3 层（Inception 3b 层）：如图 4-4-21 所示，需要经过 128 个 1 × 1 的卷积核，然后进行 ReLU 计算，输出 28 × 28 × 128（见图 4-4-21）。

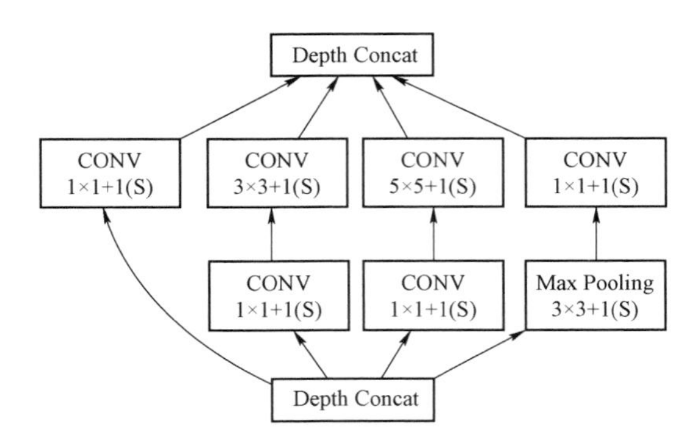

图 4-4-21　第三层（Inception 3b 层）

128 个 1 × 1 的卷积核作为 3 × 3 卷积核之前的降维，输出大小为 28 × 28 × 128，进行 ReLU，再进行 192 个 3 × 3 的卷积，Padding 为 1，输出大小为 28 × 28 × 192。

32 个 1 × 1 的卷积核作为 5 × 5 卷积核之前的降维，输出大小为 28 × 28 × 32，进行 ReLU 计算后，再进行 96 个 5 × 5 的卷积，Padding 为 2，输出 28 × 28 × 96。

Max Pooling 池化层使用 3 × 3 的卷积核，Padding 为 1，输出大小为 28 × 28 × 256，然后进行 64 个 1 × 1 的卷积，输出大小为 28 × 28 × 64。

网络采用了 Average Pooling 来代替全连接层，使用了 Dropout 层（过滤 40%的输出），最后使用修正的线性激活函数和 Softmax 层，输出 1 000 个类别。

表中的“#3 × 3 Reduce”“#5 × 5 Reduce”表示在 3 × 3 和 5 × 5 卷积操作之前使用了 1 × 1 卷积过滤的数量。

3. GoogLeNet 的特点

在卷积网络中，单纯的堆叠网络虽然可以提高准确率，但是会导致

计算效率有明显的下降。GoogLeNet Inception V2 通过将大过滤器分解为小过滤器的方法，即使用 n×1 卷积来代替大卷积核，修改了 Inception 的内部计算逻辑，提出了比较特殊的“卷积”计算结构设计，此外 V2 增加了 Batch Normalization，从而实现在不增加过多计算量的同时提高网络的表达能力。

GoogLeNet 主要有以下几个特点。

（1）网络结构采用了 Average Pooling 来代替全连接层，提高了准确率，同时在最后加了一个全连接层，方便调节网络输出。

（2）网络中使用了 Dropout，同时为了避免梯度消失，额外增加了 2 个辅助的 Softmax 用于向前传导梯度。

（3）GoogLeNet 采用了模块化结构（Inception 结构），有利于网络结构的修改。

第五节　循环神经网络

循环神经网络是处理序列数据信息的有向有环网络，即一个序列的输出与前面隐藏层的输入相关，网络会对前面的信息进行记忆并应用于当前输出的运算。它表示信息在时间维度从前往后的传递和积累，典型的有双向循环神经网络和长短期记忆网络。

一、循环神经网络简介

最早关于循环神经网络的研究开始于 20 世纪 80 年代，1982 年，霍普菲尔德提出了神经网络，使用二元节点建立了内部所有节点都相互连接，包含递归计算和外部记忆的神经网络。接着，1986 年乔丹在分布式并行处理理论下提出了 Jordan 网络。Jordan 网络的每个隐含层节点都与一个状态单元相连以实现延时输入，并使用反向传播算法（BP）进行学习。1989 年，威廉姆斯和齐普泽提出了 RNN 的实时循环学习。随后，

1990 年全连接的 RNN 网络和随时间反向传播算法（BPTT）出现，RNN 网络得到了不断的发展和丰富。

在 RNN 网络的发展过程中，人们发现在对长序列进行学习时，循环神经网络会出现梯度消失和梯度爆炸现象，无法掌握长时间跨度的非线性关系，即循环神经网络中存在着长期依赖问题。针对此问题，1997 年，霍克利特提出了长短期记忆网络，舒斯特提出了双向循环神经网络，以解决长期依赖问题。2005 年之后，基于 RNN 的语言模型、编码器—解码器、自注意力层等一系列 RNN 算法出现。2014 年，乔 K.Cho 提出了门控循环单元网络。GRU 是 LSTM 的一种变体，参数比 LSTM 更少，在计算能力和时间成本上更有优势。

RNN 有着广泛的应用，在图像识别、图像分类、机器翻译、时间序列预测、语音识别、音乐合成、手写字体识别等方面都有应用。

RNN 与 CNN 相比，其主要区别有：RNN 能处理序列数据，而 CNN 不能处理序列数据；在 RNN 中，先前的输出存储，可以作为当前状态的输入；CNN 在模型深度方面比 RNN 更具有优势；CNN 常用于图像分类、计算机视觉应用方面，而 RNN 在自然语言处理方面更有优势。

二、RNN 网络结构

（一）RNN 基本结构

与传统神经网络所有输入（或输出）之间都是彼此独立的相比，RNN 在处理序列数据时其输入依赖前面的输入，且能记忆前面的状态，即 RNN 有短期记忆功能，RNN 的输入包含两部分，分别是当前输入和前面邻近的输出（见图 4-5-1）。

我们把图 4-5-1 全连接的结构压缩转换为 RNN 基本结构，x 是输入，h 是隐藏层，y 是输出，A、B、C 是网络参数（见图 4-5-2）。

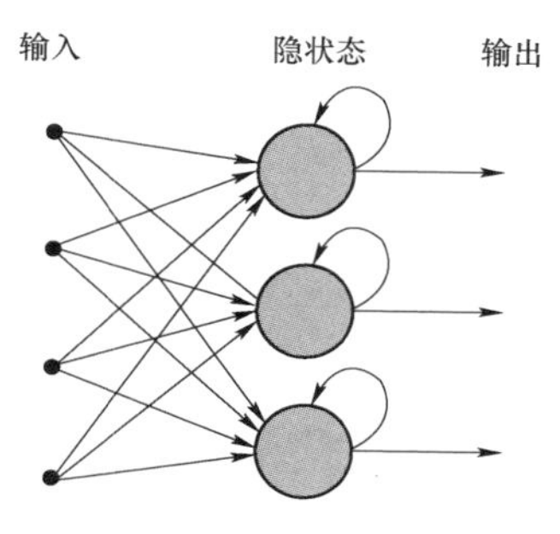

图 4-5-1　RNN 的基本结构如图

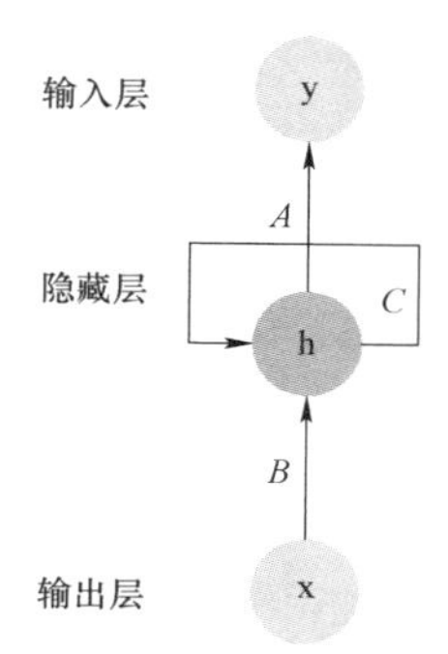

图 4-5-2　RNN 转换后的基本结构如图

RNN 网络结构的优势体现在以下几个方面：（1）有可能处理任意长度的输入；（2）模型大小不随输入大小的变化而变化；（3）计算考虑了历史信息；（4）在不同时间段，权值参数都共享。

但 RNN 也存在着计算慢，很久之前的信息很难利用，无法在当前状态考虑未来需要的输入等缺点。

（二）RNN 基本的类型

根据输入和输出的通道数量以及输入与输出的对应关系，RNN 通常分为一对一（one-to-one）、一对多（one-to-many）、多对一（many-to-one）多对多（many-to-many）四种类型（见图 4-5-3）。

如果我们处理的问题输入是一个单独的值，输出是一个单独值，那么可以采用一对一类型。

一对一是指一个输入和一个输出，这种关系常见于传统的神经网络，是比较原始的 RNN 结构类型。

如果我们处理的问题输入是一个单独的值，输出是一个序列，那么可以采用一对多类型。一对多是指一个输入和多个输出，可只在其中的某一个序列进行计算，如在第一个序列进行输入计算或者在其他序列进行输入计算。这种结构类型通常应用于图像标注、图像描述生成、音乐生成等场景。

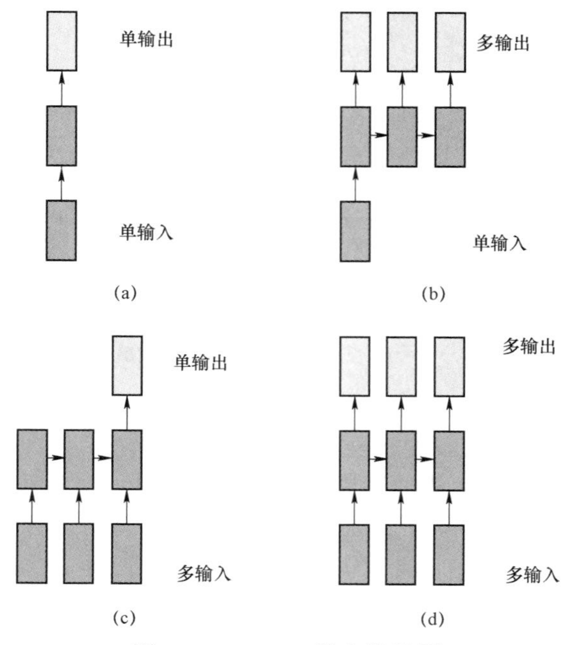

图 4-5-3 RNN 基本的类型

（a）一对一；（b）一对多；（c）多对一；（d）多对多

多对一是指多个输入和一个输出，这种结构类型的应用场景有情感分类等任务，如输入一个句子多个词，判断情感是正面的还是负面的。多对多是指多个输入和多个输出。

由于 RNN 固有的特性，上述四种 RNN 类型都存在梯度消失和梯度爆炸问题。梯度消失是指在 RNN 训练过程中，梯度携带的误差通过梯度反向传播更新网络权值时，梯度趋近 0，参数的反向传播更新变得不再明显，这将会使得长数据序列的学习变得困难。梯度爆炸是指在训练过程中，由于大的错误梯度累积，使得模型权值参数更新出现指数级的增长，梯度趋近无穷大，导致训练时间越长，模型的表现和准确率都变得更差。

第五章　图像压缩

本章主要介绍了六个方面的内容，分别是 Auto Encoder 原理与模型搭建、Auto Encoder 数据加载、模型训练与结果展示、GAN 原理与训练流程、GAN 随机生成人脸图片、Auto Encoder 与 GAN 的结合、图像修复。

第一节　AutoEncoder 原理与模型搭建

AutoEncoder 是一种在半监督学习和非监督学习中使用的神经网络结构，它以输入信息作为训练标签，对输入信息进行学习。

一、AutoEncoder 的原理

AutoEncoder 是一种有效的基于深度学习的数据降维网络和特征提取方法，网络分为编码器和解码器两个部分，其中编码器可以将图片压缩成一个小的向量（或者一个小的特征图），解码器可以将向量（或者特征图）还原成图片。因此这种中间向量（特征）便可以代表这张图片，相似的图片计算出来的中间向量也会比较相似，但是 AutoEncoder 要学习到有效的特征，一般需要具备比分类模型更多且更优质的数据（见图 5-1-1）。

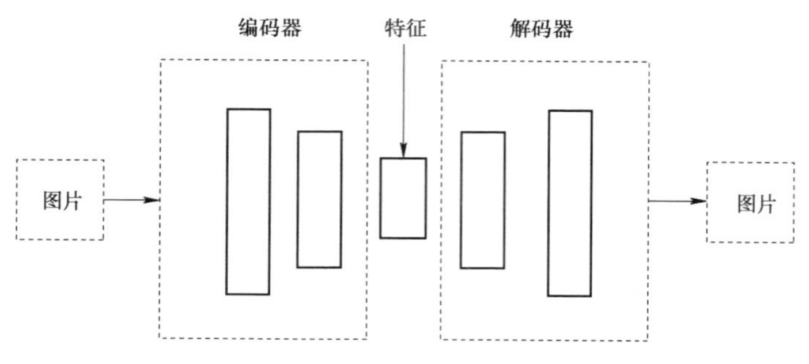

图 5-1-1 AutoEncoder 示意图

二、AutoEncoder 模型搭建

AutoEncoder 网络与图像分割中使用的 UNet 网络有点相似，将图像分割任务中使用的 UNet 模型中间的短接切断，就变成了一个 AutoEncoder 模型。

搭建 AutoEncoder 模型的代码如下：

```
#autoencoder.py
from torch import nn
import torch
from torchvision.models import resnet18
from config import device
#解码器部分可以借用 UNet 的解码块
#解码块
class DecoderBlock(nn.Module):
    def_init_(self,in_channels,out_channels,kernel_size):
        super(DecoderBlock,self)_init_()
        #第一层是卷积
        self.conv1=nn.Conv2d(
             in_channels,in_channels//4,kernel_size,
padding=1, bias=False
```

```
    )
    self.bn1 = nn.BatchNorm2d(in_channels//4)
    self.relu1 = nn.ReLU(inplace=True)
    #第二层是反卷积
    self.deconv =nn.ConvTranspose2d(
        in_channels//4,
        in_channels//4,
        kernel_size=3,
        stride=2,
        padding=1,
        output_padding=1,
        bias=False,
    )
    self.bn2=nn.BatchNorm2d(in_channels//4)
    self.relu2=nn.ReLU(inplace=True)
    #第三层又是卷积
    self.conv3=nn.Conv2d(
        in_channels//4,
        out_channels,
        kernel_size=kernel_size,
        padding=1,
        bias=False,
    )
    self.bn3=nn.BatchNorm2d(out_channels)
    self.relu3=nn.ReLU(inplace=True)
def forward(self,x):
    x=self.relu1(self.bn1(self.conv1(x)))
    x=self.relu2(self.bn2(self.deconv(x)))
```

```
        x=self.relu3(self.bn3(self.conv3(x)))
        return x
#定义 AutoEncoder
class AutoEncoder(nn.Module):
    def_init_(self,num_classes=1,pretrained=True):
        super(AutoEncoder,self)._init_()
        #以 torchvision 中的 ResNet-18 为基础
        base=resnet18(pretrained=pretrained)
        #因为是黑白图片，只有一个通道，所以需要重新定义第一层
        #self.firstconv=base.conv1
        Self.firstconv = nn.conv2d(
            1,64,kernel_size=7,stride=2,paddtng=3,bias=False
        )
        self.firstbn=base.bn1
        Self.firstrelu = base.relu
        self.firstmaxpool=base.maxpool
        self.encoder1= base.layer1
        self.encoder2=base.layer2
        self.encoder3=base.layer3
        self.encoder4=base.layer4
        #解码器输出通道数量
        out_channels=[64,128,256,512]
        #创建解码块
        self.center=DecoderBlock(
            in_channels=out_channels[3],
            out_channels=out_channels[3],
            kernel_size=3,
        )
```

```
self.decoder4=DecoderBlock(
    in_channels=out_channels[3],
    out_channels=out_channels[2],
    kernel_size=3,
)
self.decoder3=DecoderBlock(
    in_channels=out_channels[2],
    out_channets=out_channes[1],
    kernel_size=3,
)
self.decoder2=DecoderBlock(
    in_channels=out_channels[1],
    out_channels=out_channels[0],
    kernel_size=3,
)
self.decoder1 =DecoderBlock(
    in_channels=out_channels[0],
    out_channels=out_channels[0],
    kernel_size=3,
)
#通过最后两层卷积来将输出整理成图片对应的尺寸
self.finalconv=nn.Sequential(
    nn.Conv2d(out_channels[0],32,3,padding=1,bias=False),
    nn.BatchNorm2d(32),
    nn.ReLU(),
    nn.Dropout2d(0.1,False),
    nn.conv2d(32,num_classes,1),
)
```

```
def forward(self,x,extract_feature=False):
    x=self.firstconv(x)
    x=self.firstbn(x)
    x=self.firstrelu(x)
    x=self.firstmaxpool(x)
    #编码器
    x=self.encoder1(x)
    x=self.encoder2(x)
    x=self.encoder3(x)
    X=self.encoder4(x)
    #在执行压缩的时候可以直接将 extract_feature 设置为 True
    #就可以得到压缩后的图片矩阵了
    if extract_feature:
        return x
    #解码器
        x=self.center(x)
        x=self.decoder4(x)
        x=self.decoder3(x)
        x=self.decoder2(x)
        x=self.decoder1(x)
        #整理输出
        f=self.finalconv(x)
        return f
if_name_=="_main_":
    from torchsummary import summary
    inp=torch.ones((1,3,128,128)).to(device)
    net=AutoEncoder().to(device)
```

```
out=net(inp,extract_feature=False)
print(out.shape)
#summary(net,(3,224,224))
```

上述代码由图像分割中使用的 UNet 模型代码修改而得，其中的 DecoderBlock 完全相同，AutoEncoder 和 ResNet18Unet 的主要区别在模型的 forward 方法，AutoEncoder 在 forward 中对编码器和解码器进行了顺序推理，而 ResNet18Unet 在 forward 方法中进行了跨层的特征拼接，读者可以对比一下。

第二节　AutoEncoder 数据加载、模型训练与结果展示

一、AutoEncoder 数据加载

AutoEncoder 的数据和超分辨率重建一样无须标注，属于无监督学习算法，只需训练一个从图片自身到自身的映射。所以构建的数据集只需返回图片自身，下面是加载 AutoEncoder 的数据集的代码。

```
#data.py
from torch.utils.data import DataLoader,Dataset
from torchvision.datasets import ImageFolder
from sklearn.model_selection import train_test_split
from config import DATA_FOLDER,BATCH_SIZE,SIZE
fron glob import glob
import os.path as osp
from PIL import Image
from torchvision import transforms
#定义 AutoEncoder 中的 Dataset
```

```
cLassData(Dataset):
    def_init_(self,folder=DATA_FOLDER,subset="train",trans
form=None):
        img_paths=glob(osp.join(DATA_FOLDER,"*/*.jpg"))
        train paths,test_paths=train_test_split(
            img_paths,test_size=0.2,random_state=10
        )
        #训练集
        if subset=="train";
            self.img_paths=train_paths
        #测试集
        else:
            self.img_paths=test_paths
        #如果没有定义 transform，则使用默认的 transform
        if transform is None:
            self.transform=transforms.Compose(
                [transforms.Resize((SIZE,SIZE)),transforms.To
Tensor()]
            )
    else:
        self.transform=transform
    def_getitem_(self,index):
        #图片需要转为黑白
        img=Image.open(self.img_paths[index]).convert("L")
        img=self.transform(img)
        return img,img
    def_len_(self):
        return len(self.img_paths)
```

```
transform=transforms.Compose(
    [
        transforms.Resize((SIZE,SIZE)),
        transforms.ToTensor(),
    ]
)
train_data=Data(subset="train",transform=transform)
val_data=Data(subset="test")
train_loader=Dataloader(train_data,batch_size=BATCH_SIZE,
shuffle=True)
val_loader=DataLoader (val_data,batch_size=BATCH_SIZE*2,shuffle=
True)
```

上述代码对数据进行了封装，如果读者发现模型训练结果不够理想，可以添加数据增强方法，但是需要保证原图片和目标图片的转换方法完全相同。

二、AutoEncoder 模型训练

训练模型的代码如下，训练过程中使用 L1Loss 或者 MSELoss 都可以，下面是训练 AutoEncoder 模型的代码。

```
#train_val.py
from torch import nn,optim
import torch
import os.path as osp
from tqdm import tqdm
from torch.utils.tensorboard import SummaryWriter
from data import train_loader,val_loader
from auto_encoder import AutoEncoder
from config import BATCH_SIZE,EPOCH_LR,device,CHECKPOINT
```

```
def train():
    #定义模型并转入 GPU
    net=AutoEncoder(pretrained=True).to(device)
    criteron=nn.LlLoss()
    #模型保存位置
    ckpt=osp.join(CHECKPOINT,"net.pth")
    writer= SummaryWriter("log")
    #检查是否有可用模型，有则加载模型
    if osp.exists(ckpt):
        net.load_state_dict(torch.load(ckpt))
    for n,(num_epoch,lr)in enumerate(EPOCH_LR):
        optimizer=optim.Adam(net.parameters(),lr=lr)
        for epoch in range(num_epoch):
            epoch_loss=0.0
            for i,(src,target)in tqdm(
                enumerate(train_loader),total=len(tratn_loader)
            ):
            optimizer.zero_grad()
            #虽然这个图像压缩的 AutoEncoder 中的 src 和 target 是一
样的图片
            #但是为了适用更多的任务,这里将 src 和 target 进行了区分
            src,target=src.to(device),target.to(device)
            out=net(src)
            loss = criteron(out,target)
            loss.backward()
            optimizer.step()
            epoch_loss+=loss.item()
            print(
```

```
"epoch:{}epoch_loss{}".format(
sum([e[0]for e in EPOCH_LR[:n]])+epoch,
epoch_loss /len(train_loader),
    )
)
#将损失加入 TensorBoard
writer.add_scalar(
    "epoch_loss",
    epoch_loss /len(train_loader),
    sum([e[0]for e in EPOCH_LR[:n]])+epoch,
)
#无梯度模式快速验证
with torch.no_grad():
    val_loss=0.0
    for i,(src,target)in tqdm(
        enumerate(val_loader),total=len(val_loader)
    ):
        src,target=src.to(device),target.to(device)
        out=net(src)
        loss=criteron(out,target)
        val_loss+=loss.item()
print(
    "val:{}vaL_loss{}".format(
        sum([e[0]for e in EPOCH_LR[:n]])+epoch,
        val_loss/len(val_loader),
    )
)
```

```
                #将 Loss 加入 TensorBoard
                writer.add_scalar(
                    "val_loss",
                    val_loss/len(val_loader),
                    sum([e[0]for e in EPOCH_LR[:n]])+epoch,
                )
                #保存模型到预设的路径中
                torch.save(net.state_dict(),ckpt)
        #训练结束后需要关闭 writer
        writer.close()
    if_name_=="_main_":
        tratn()
```

在上述代码中，原始图片输入 AutoEncoder 后，会得到一张生成图片。将生成图片与原始图片中的各个像素进行比对，即可得到模型的损失，再根据损失调整模型参数。模型参数更新后分别在训练集和验证集上计算了损失，将损失添加到 TensorBoard 中就可以看见训练过程中损失的变化曲线了。

训练误差变化如图 5-2-1 所示，验证误差变化如图 5-2-2 所示。

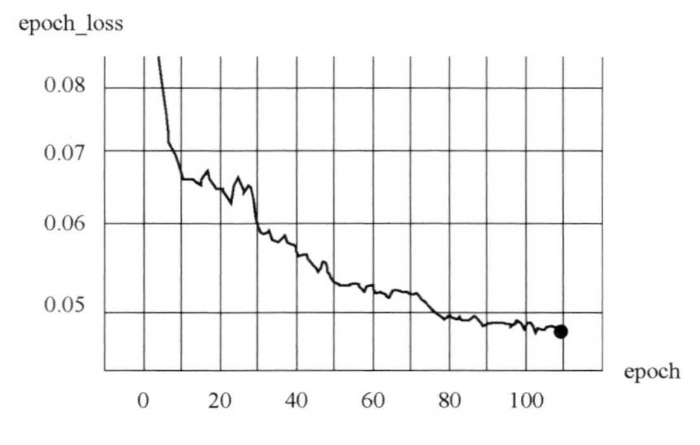

图 5-2-1　AutoEncoder 训练误差

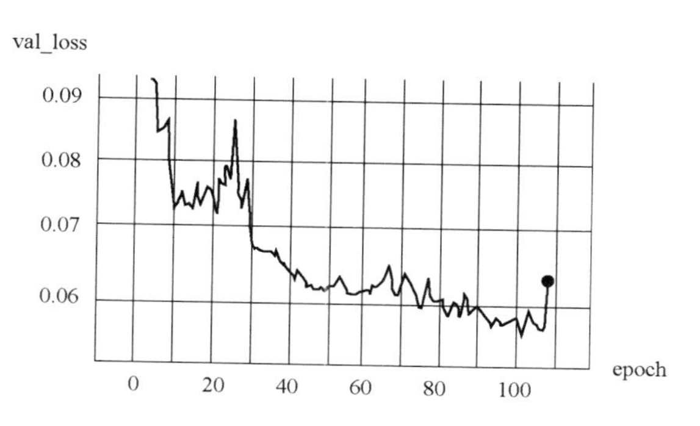

图 5-2-2　AutoEncoder 验证误差

从曲线图中可以看出，训练到 100 个 Epoch 之后，模型在验证集上的损失出现振荡及小幅上升的趋势，说明模型即将过拟合，在此时停止模型训练是比较合适的。

三、AutoEncoder 结果展示

训练完成之后，可以通过如下代码查看训练效果。

```
# evaluate.py
from auto_encoder import AutoEncoder
from config import CHECKPOINT
from fix_data import val_data,train_data
import torch
import os.path as osp
from torchvision import transforms
fron PIL import Image
import matplotlib.pyplot as plt
net=AutoEncoder()
#net.pth 是普通 AutoEncoder
#G.pth 是添加了 GAN 的 AutoEncoder
#G_fix 是图像修复的 AutoEncoder
```

```
#ckpt=osp.join(CHECKPOINT,"net.pth")
#ckpt=osp.join(CHECKPOINT,"G.pth")
ckpt=osp.join(CHECKPOINT,"G_fix,pth")
#加载模型
net.load_state_dict(torch.load(ckpt))
net.eval()
for i in range(6):
    Src,_ =val_data[i]
    img=transforms.ToPILImage()(src)
    print(i)
    plt.Subplot(3,4,(i+1)*2-1)
    plt.title("src_img")
    plt.imshow(img,cmap="gray")
    out=net(src.unsqueeze(0)).squeeze(0)
    out_img=transforms,ToPILImage()(out)
    plt.subplot(3,4,(i+1)*2)
    pLt.title("out_img")
    plt.imshow(out_ing,cmap="gray")
    plt,savefig("img/auto_encoder_face.jpg")
plt.show()
```

上述代码调用了训练好的 AutoEncoder 模型进行预测，也就是先对原始图片进行压缩，然后再还原成一张图片。

第三节 GAN 原理与训练流程

GAN（generative adversarial network，生成对抗网络）的概念最早在 2014 年由 Ian Goodfellow 提出。GAN 中包含一个生成网络 G 和一个判别网络 D，两者是相互博弈的关系。

一、GAN 原理

在训练过程中，生成网络 G 的任务就是生成足以乱真的图片，而判别网络 D 的任务是学习如何辨别生成的图片和真图片。两者既是相互对抗的，也是相辅相成的。而生成网络 G 生成的图片越真实，判别网络 D 的训练效果也会更好。

GAN 的损失函数分为两个部分：一个是生成器损失，一个是判别器损失。生成器损失的计算过程如下。

（1）生成器生成一张图片 ing_fake。

（2）将 ing_fake 标记为真图片，然后将其输入判别器 D。

（3）计算损失，并更新生成器参数（注意此步不更新判别器）。

判别器损失的计算过程如下。

（1）从生成器中获取一张图片 img_fake，标记为假图片。

（2）计算损失 loss_fake。

（3）获取一张真图片，标记为真图片。

（4）计算损失 loss_real。

（5）将两个损失值相加之后反向传播，更新判别器参数。

二、GAN 训练流程

GAN 的训练流程如下。

（1）将 img 输入 AutoEncoder，生成 fake_img。

（2）将 img 和 fake_img 输入 ResNet—18 进行分类训练（计算损失，反向传播，更新 resnet18 参数），并记录下每个网络模块输出的特征图。

（3）计算 fake_img 和 img 得到的每个特征图的差距，加上 AutoEncoder 的最终输出损失，即为生成网络 AutoEncoder 的损失，然后反向传播，更新 AutoEncoder 参数。

（4）重复上面 3 个步骤。

第四节　GAN 随机生成人脸图片

在介绍如何使用 GAN 处理图像压缩任务之前，先用一个基于 DCGAN 算法的小例子演示 GAN 的常规用法。

一、DCGAN 原理

DCGAN 的全称是 Deep Convolutional Generative Adversarial Networks，从名字可以看出，这个网络就是在经典的 GAN 模型下增加了深度卷积网络结构。

如图 5-4-1 所示，为 DCGAN 生成器的结构。模型的输入是一个向量，这个向量经过一系列的反卷积操作，其尺寸得到扩张、通道逐步压缩，最后生成一张图片，即为 DCGAN 生成的假图片。

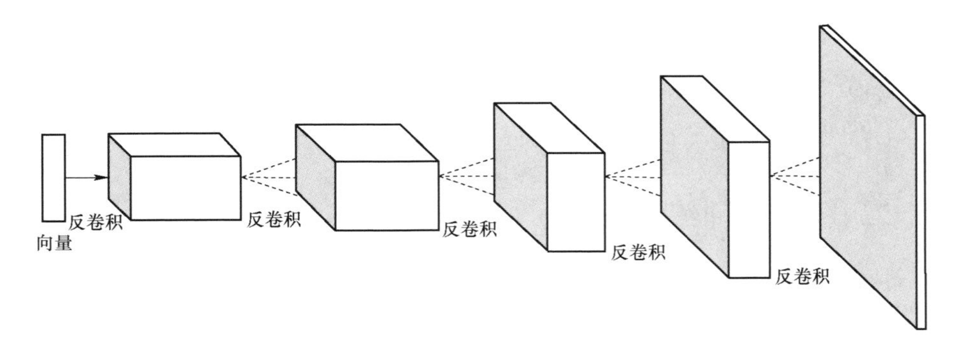

图 5-4-1　DCGAN 生成器示意图

二、DCGAN 搭建

DCGAN 由生成器 G 和判别器 D 组成，两个网络的拼接方式相当于一个倒过来的 AutoEncoder。

生成器 G 负责将一段随机初始化的向量逐步扩展为一张图片，而判别器 D 是一个分类器，会逐步将生成的图片压缩成特征向量，通过特征向量进行分类，下面是 DCGAN 的模型代码。

```
# dcgan_model.py
import torch
from torch import nn
import torch.nn.functional as F
# 初始化参数
def normal_init(m,mean,std):
    if isinstance(m, nn.ConvTranspose2d) or isinstance(m,
nn.conv2d):
        m.weight.data.normal_(mean,std)
        m.bias.data.zero_()
# 生成器
class generator(nn.Module):
    def_init_(self,d=128):
        Super(generator,self)._init_()
        Self.deconvl=nn.convTranspose2d(100,d*8,4,1,0)
        self.deconv1_bn=nn.BatchNorm2d(d*8)
        self.deconv2=nn.ConvTranspose2d(d*8,d*4,4,2,1)
        self.deconv2_bn=nn.BatchNorm2d(d*4)
        setf.deconv3=nn.ConvTranspose2d(d*4,d*2,4,2,1)
        self.deconv3_bn=nn.BatchNormzd(d*2)
        self.deconv4=nn.ConvTranspose2d(d*2,d,4,2,1)
        self.deconv4_bn=nn.BatchNorm2d(d)
        # self.deconv5=nn.ConvTransposezd(d,3,4,2,1)
        self.deconv5=nn.ConvTranspose2d(d,1,4,2,1)
    # 参数初始化
    def weight_init(self,mean,std):
        for m in self._modules:
```

```
            normal_init(self._modules[m],mean,std)
    def forward(self,input):
        x=F.relu(self.deconv1_bn(self.deconv1(input)))
        x=F.relu(self.deconv2_bn(self.deconv2(x)))
        x=F.relu(self.deconv3_bn(self.deconv3(x)))
        x=F.relu(self.deconv4_bn(self.deconv4(x)))
        # 最后使用 Tanh 激活函数
        x=torch.tanh(self.deconv5(x))
        returnx
# 判别器、判断是真图片还是假图片
class discriminator(nn.Module):
    def_init_(self,d=128):
        super(discriminator,self)._init_()
        # self.convl=nn.Conv2d(3,d,4,2,1)
        # 黑白图片使用一个通道,彩色图片使用 3 个通道
        self.conv1=nn.Conv2d(1,d,4,2,1)
        self.conv2=nn.Convzd(d,d*2,4,2,1)
        5elf.conv2_bn=nn.BatchNorm2d(d*2)
        self.conv3=nn.Conv2d(d*2,d*4,4,2,1)
        self.conv3_bn=nn.BatchNorm2d(d*4)
        self.conv4=nn.Conv2d(d*4,d*8,4,2,1)
        self.conv4_bn=nn.BatchNorn2d(d*8)
        self.conv5=nn.Conv2d(d*8,1,4,1,0)
    # 参数初始化
    def weight_init(self,mean,std):
        for m in self._modules:
            normal_init(self._modules[m],mean,std)
    def forward(self,input):
```

```
        x=F.leaky_relu(self.conv1(input),0.2)
        x=F.leaky_relu(self.conv2_bn(self.conv2(x)),0.2)
        x=F.leaky_relu(self.conv3_bn(self.conv3(x)),0.2)
        x=F.leaky_relu(self.conv4_bn(self.conv4(x)),0.2)
        # 二分类常使用 Sigmoid 激活函数
        x=torch.sigmoid(self.conv5(x))
        return x
if_name_=="_main_":
    inp=torch.randn(1,100,1,1)
    net=generator()
    out=net(inp)
    print(out.shape)
```

上述代码建立了两个模型：生成模型 Generator 和判别模型 Discriminator。其中生成模型的作用是将一个向量逐步扩张成一张图片，由多个反卷积层和 Batch Norm 层构成，激活函数选择的是 Relu。而判别模型就是一个普通的图像二分类模型，只使用了卷积层和 Batch Norm 层，激活函数选择了 Leaky_Relu。因为是一个二分类（判断图片真伪）模型，所以输出层的激活函数选择了 Sigmoid。

三、DCGAN 训练

训练过程中选择了 BCE Loss 作为损失函数。BCE Loss 的全称为 Binary Cross Entropy，即二分类交叉熵，其输入格式的要求与 Cross Entropy Loss 不同，因为只有两个类别，所以数据无须整理成 One—Hot 编码，其使用方法如下。

```
>>>m=nn,Sigmoid()
>>>Losss=nn.BCELOSS()
>>>input=torch.randn(3,requires_grad=True)
>>>target=torch.empty(3).random_(2)
```

```
>>>output=loss(m(input),target)
>>>output.backward()
```

下面是 DCGAN 的训练代码。

```
# dcgan_train.py
from model import generator,discriminator
from config import(
    lr,
    num_epoch,
    batch_size,
    noise_length,
    device,
    checkpoint_D,
    checkpoint_G,
)
from data import train_loader,val_loader
from torch import optim,nn
import torch
from torch.utils.data import Dataloader
from tqdm import tqdm
# 模型保存路径
resume_path_G=checkpoint_G
resume_path_D=checkpoint_D
G= generator(128).to(device)
D=discriminator(128).to(device)
# 加载预训练模型
if resume_path_D:
    D.load_state_dict(torch,load(resume_path_D))
    print("oaded model D")
```

```
if resume_path_G:
    G.load_state_dict(torch.load(resume_path_G))
    print("loaded nodel G")
# 模型参数初始化
G.weight_init(mean=0.0,std=0.02)
D.weight_init(mean=0.0,std=0.02)
# Binary Cross Entropy loss
BCE_loss=nn.BCELOSS()
# 两个 optimizer 需要分开定义
G_optinizer=optim.Adam(G.parameters(),lr=lr,betas=(0.5,0.999))
D_optimtzer=optin.Adam(D.parameters(),lr=lr,betas=(0.5,0.999))
def train():
    for epoch in range(num_epoch):
        D.train()
        G.train()
        for i,(img,_)in tqdm(
            enumerate(train_loader),total=len(train_loader)
        ):
            # 训练判别器
    D_optimizer.zero_grad()
    mini_batch=img,size()[0]
    # 真假图片的对应标签
    y_real=torch.ones(mini_batch)
    y_fake=torch.zeros(mini_batch)
    # 将所有数据传入 GPU
    img,y_real,y_fake=(
        img.to(device),
        y_real.to(device),
```

```
    y_fake.to(device),
)
# 真图片输入 D
D_result=D(img).squeeze()
# 计算真图片的损失
D_real_loss=BCE_loss(D_result,y_real)
# 新建一个随机变量
noise=(
    torch.randn((mini_batch,noise_length))
    .view((-1,noise_length,1,1))
    .to(device)
)
# 生成一张假图片
img_fake=G(noise)
# 将假图片输入判别器 D
D_result=D(img_fake).squeeze()
# 计算假图片的损失
D_fake_loss=BCE_loss(D_result,y_fake)
# 真假图片的判别器损失相加之和反向传播
D_train_loss=D_real_loss+D_fake_loss
D_train_loss.backward()
D_optimizer.step()
# 训练生成器
# 清空生成器梯度
G_optimizer.zero_grad()
# 创建随机变量
noise=(
    torch.randn((mini_batch,noise_length))
```

```
        .view((-1,100,1,1))
        .to(device)
    )
    # 生成一张假图片
    img_fake=G(noise)
    # 输入判别器 D 计算损失
    D_result=D(img_fake).squeeze()
    # 给假图片打上真标签,计算损失
    G_train_loss=BCE_loss(D_result,y_real)
    # 生成器反向传播
    G_train_loss.backward()
    G_optimizer.step()
-int(
    "Dtrain loss:{},Gtrain loss:[]".format(
        D_train_loss,G_train_loss
        )
    )
    # 无梯度模式
    with torch.no_grad():
        D.eval()
        G.eval()
        for i,(img,_)in tqdm(
            enumerate(val_loader),total=len(val_loader)
        ):
            mini_batch=img.size()[0]
            # 真假图片标签
            y_real=torch.ones(mini_batch)
```

```
y_fake=torch,zeros(mini_batch)
# 数据传入 GPU
img,y_real,y_fake=(
    img.to(device),
    y_real.to(device),
    y_fake.to(device),
)
# 计算真图片损失
D_resuLt=D(img).squeeze()
D_real_loss=BCE_loss(D_result,y_real)
# 新建随机变量
noise=(
    torch.randn((mini_batch,noise_length))
    .view((-1,noise_length,1,1))
    .to(device)
)
# 计算假图片损失
img_fake=G(noise)
D_resuLt=D(img_fake).squeeze()
D_fake_loss=BCE_loss(D_result,y_fake)
D_test_loss=D_real_Loss+D_fake_loss
# 训练生成器
G_optimizer.zero_grad()
# 新建随机变量
noise =(
    torch.randn((mini_batch,noise_length))
    .view((-1,100,1,1))
```

```
            to(device)
        )
        # 生成假图片
        img_fake=G(noise)
        D_result=D(img_fake).squeeze()
        # 计算假图片打上真标签之后的损失
        C_test_loss=BCE_Loss(D_result,y_real)
    print(
        "D test loss:{},Gtest loss:{}".format(
            D_test_loss,G_test_loss
        )
    )
        torch.save(G.state_dict(),checkpoint_G)
        torch.save(D.state_dict(),checkpoint_D)
if_name_=="_main_":
    train()
```

上述代码的训练过程分为两个步骤。

（1）将真图片和生成的假图片（由随机向量经过生成器计算得到）分别标注成 1 和 0（1 代表真图片，0 代表生成的假图片），然后将它们输入判别模型，计算判别器损失，更新判别模型参数，以便将判别模型训练成能正确分辨真假图片的模型。

（2）将生成的假图片标注成 1（真图片）输入判别模型，计算损失，更新生成模型参数，以便将生成模型训练成能生成比较真实的图片的模型。

DCGAN 在训练过程中，很难通过损失值判断模型的训练效果，所以需要每隔一段时间查看一下训练结果，保证模型在向正确的方向优化。

四、DCGAN效果展示

在进行效果展示时，只需要加载生成器G即可。在GAN中，判别器D是为生成器G服务的，并不参与最终预测。模型预测代码如下：

```
# dcgan_denm.py
import torch
from torchvision import transforms
from model import generator
import matplotlib.pyplot as plt
from config import checkpoint_G
import os.path as osp
topil=transforms.ToPILImage()
# 实例化生成器
net=generator()
# 加载生成器模型参数
if osp.exists(checkpoint_G):
    net.load_state_dtct(torch.load(checkpoint_G))
    print("model loaded")
# 一次生成 9 张人脸
for i in range(9):
    input_array=torch.randn(1,100,1,1)
    out_tensor=net(input_array).squeeze(0)
    out_img=topil(out_tensor)
    plt.subplot(330+i+1)
    plt.inshow(out_img,cmap="gray")
plt.show()
```

上述代码生成了9个随机向量，分别把这9个随机向量输入生成器，计算得到9张人脸图片。

第五节 Auto Encoder与GAN的结合

本节将要介绍如何使用GAN实现图像搜索中的图像压缩功能。实现这项功能需要将GAN和AutoEncoder结合起来，将AutoEncoder作为GAN中的生成网络G，然后添加一个分类网络作为GAN中的判别网络D，这里可以选择ResNet-18作为判别网络。

这个AutoEncoder-GAN模型的损失函数由三部分组成。判别器的分类损失、AutoEncoder损失、生成图片和真图片输入判别器后的中间特征图的损失。损失函数的公式如下。

公式1：

$$J_G(x)=\| x-\hat{x}\|^2+\beta\sum_{i=1}^{n}\|D_i(x)-D_i(\hat{x})\|^2$$

其中x是真图片；$\hat{x}$是生成器G生成的图片；β是调节系数，本节中的调节系数设为1；$D_i(x)$是真图片在判别器D中第i层计算得到的特征图；$D_i(\hat{x})$是生成器G生成的图片在判别器D中第i层计算得到的特征图。

因为本节直接调用了Torchvision中的默认ResNet，不便于调取每一层输出的特征图，所以第二部分的损失使用了ResNet的每一个模块得到特征图（共5张特征图）进行计算。下面是将AutoEncoder和GAN结合起来训练的代码。

```
from torch import nn,optim
from auto_encoder import AutoEncoder
from config import device,EPOCH_LR,CHECKPOINT
# from data import train_loader,val_loader
from fix_data import train_loader,val_loader
from torchvision.models import resnet18
```

```
from tqdm import tadm
import os
import torch
from torch.utils.tensorboard import SummaryWriter
# 计算特征图损失
def feature_map_loss(D,fake_img,img):
    fm_criteron=nn.MSELOSs()
    # 初始化损失
    fm_loss=0.0
    # ResNet-18 前几层得到的特征图
    f1=D.maxpool(D.relu(D.bnl(D.conv1(img))))
    f1_fake=D.maxpool(D.relu(D.bn1(D.convl(fake_img))))
    fm_loss+=fm_criteron(f1_fake,f1)
    # ResNet-18 layer1 得到的特征图
    f2=D.layer1(f1)
    f2_fake=D.layer1(f1_fake)
    fm_loss+=fm_criteron(f2_fake,f2)
    # ResNet-18 Layer2 得到的特征图
    f3=D.layer2(f2)
    f3_fake=D.layer2(f2_fake)
    fm_loss+=fm_criteron(f3_fake,f3)
    # ResNet-18 layer3 得到的特征图
    f4=D.layer3(f3)
    f4_fake=D.layer3(f3_fake)
    fm_loss += fm_criteron(f4_fake,f4)
    # ResNet-18 layer 4 得到的特征图
    f5=D.Layer4(f4)
    f5_fake=D.layer4(f4_fake)
```

```
        fm_loss += fm_criteron(f5_fake,f5)
        return fm_Loss
    # 生成器
    G=AutoEncoder().to(device)
    # 判别器
    D=resnet18(num_classes=1)
    # 黑白图片一个通道
    D.conv1=torch.nn.Conv2d(1,64,kernel_stze=7,stride=2,paddi
ng=3,bias=False)
    D=D.to(device)
    # 图像压缩
    checkpoint_G=os.path.join(CHECKPOINT,"G.pth")
    checkpoint_D=os.path.join(CHECKPOINT,"D.pth")
    # 图像修复
    # checkpoint_G=os.path.join(CHECKPOINT,"G_ftx.pth")
    # checkpoint_D=os.path.join(CHECKPOINT,"D_fix.pth")
    # 判断模型文件是否存在
    if os.path.exists(checkpoint_G):
        G.load_state_dict(torch.load(checkpoint_G))
    if os.path.exists(checkpoint_G):
        D.load_state_dict(torch.load(checkpoint_D))
    # 用于判别器损失
    BCE_loss=nn.BCELoss()
    # 用于特征图损失
    MSE_loss=nn.MSELoss()
    writer=SummaryWriter("log")
    for n,(num_epoch,lr) in enumerate(EPOCH_LR):
        G_optimizer=optim.Adam(G.parameters(),lr=lr,betas=(0.5,
```

```
0.999))
        D_optimizer=optim.Adam(D.parameters(),r=lr,betas=(0.5,
0.999))
        for epoch in range(num_epoch):
            D.train()
            G.train()
            for i,(img_src,img_tgt)in tqdm(
                enumerate(train_(oader),total=len(train_loader)
            ):
                # 训练判别器
                D_optimizer.zero_grad()
                mini_batch=img_src.size()[0]
                # 建立标签
                y_real=torch.ones(mint_batch)
                y_fake=torch.zeros(mini_batch)
                # 计算真图片误差
                img_src,img_tgt,y_real,y_fake=(
                    img_src.to(device),
                    img_tgt.to(device),
                    y_real.to(device),
                    y_fake.to(device),
                )
                D_fesult=torch.sigmoid(D(img_tgt)).squeeze()
                D_real_los5=BCE_loss(D_result,y_real)
                # 计算假图片误差
                img_fake=G(img_src)
                D_result= torch.sigmoid(D(img_fake)).squeeze()
                D_fake_loss = BCE_loss(D_result, y_fake)
```

```
            # 反向传播
            D_train_loss=D_real_loss+D_fake_loss
            D_train_loss.backward()
            D_optimizer.step()
        # 训练 AutoEncoder
        G_optimizer.zero_grad()
        img_fake=G(img_src)
        AE_train_loss=MSE_loss(img_fake,img_tgt)
        # 训练生成器
        # G_optimizer.zero_grad()
        img_fake=G(img_src)
        D_result=torch.sigmoid(D(img_fake)).squeeze()
        G_train_loss=AE_train_loss+feature_map_loss(
            D,img_fake,img_tgt
        )
        G_train_loss.backward()
        G_optimizer.step()
print(
        "D train loss:{},G train loss:{},AE train Loss:{}".format(
            D_train_loss,G_train_loss,AE_train_loss
     )
)
# 将几种损失分别加入 TensorBoard
writer.add_scalar(
        "D_train_loss",
        D_train_loss / len(train_loader),
        sum([e[0]for e in EPOCH_LRL[:n]])+epoch,
)
```

```
writer.add_scalar(
        "G_train_loss",
        G_train_loss/len(train_loader),
        sum([e[0]for e in EPOCH_LR[:n]])+epoch,
)
writer.add_scalar(
        "AE_train_loss",
        AE_train_loss/len(train_loader),
        sum([e[0] for e in EPOCH_LR[:n]])+epoch,
)
with torch.no_grad():
        D.eval()
        G.eval()
        for i,(img_src,img_tgt)in tqdm(
            enumerate(val_loader),total=len(val_loader)
        ):
            mini_batch=img_src.size()[0]
            # 真假标签
            y_real=torch.ones(mini_batch)
            y_fake=torch.zeros(mini_batch)
            # 传入 GPU
            img_src,img_tgt,y_real,y_fake=(
                img_src.to(device),
                img_tgt.to(device),
                y_real.to(device),
                y_fake.to(device),
            )
                # 真图片损失
```

```
            D_result = torch.stgmoid(D(img_tgt)).squeeze()
            D_real_loss= BCE_loss(D_result,y_real)
            # 生成假图片
            img_fake=G(img_src)
            # 假图片损失
            D_result=torch.sigmoid(D(img_fake)).squeeze()
            D_fake_loss=BCE_loss(D_result,y_fake)

            D_val_loss=D_real_loss+D_fake_loss
            # 生成器损失
            AE_val_loss=MSE_Loss(img_fake,img_tgt)
            img_fake=G(img_src)
            D_result=torch.sigmoid(D(img_fake)).squeeze()
            G_val_loss=BCE_loss(D_result,y_real)
print(
        "D val loss:{},G val loss:{},AE val loss:{} ".format(
            D_val_loss,G_val_loss, AE_val_loss
        )
)
# 将各种损失加入 TensorBoard
writer.add_scalar(
        "D_val_loss",
        D_val_loss / len(val_loader),
        sum([e[0] for e in EPOCH_LR[:n]])+epoch,
)
writer.add_scalar(
        "G_val_loss",
        G_val_loss/len(val_loader),
```

```
            sum([e[0]for e in EPOCH_LR[:n]])+epoch,
        )
        writer.add_scalar(
            "AE_val_loss",
            AE_val_loss / len(val_loader),
            sum([e[0] for e in EPOCH_LR[:n]]) + epoch,
        )
        torch.save(G.state_dict(),checkpoint_G)
        torch.save(D.state_dict(),checkpoint_D)
    writer.close()
```

在上述代码中，定义了一个 feature_map_loss 函数，用于计算真图片和生成图片分别输入分类网络时得到的各层特征图之间的差异，将特征图损失加入生成器损失，能够让生成器学习到除像素值之外的信息（如图片的轮廓、纹理等），从而得到优秀的生成结果。

在 GAN 的训练过程中，D 和 G 的损失都可能会有很大波动，何时停止训练还是要根据图形生成结果来判断。

第六节 图像修复

AutoEncoder－GAN 模型和图像分割用到的 UNet 模型虽然在结构上差异较大，但都是图片到图片的模型，所以 AutoEncoder－GAN 也可以完成一些图像处理类的任务。同样地，超分辨率重建模型也可以用于图像压缩。

例如，AutoEncoder－GAN 模型还可以用于图像修复，只需要修改一下 Dataset 即可。在这个 Dataset 中，我们会生成一个随机的马赛克，覆盖在人脸上一个随机的正方形区域，然后将覆盖之后的图片与原图片组成图片对，分别作为 ing_src 和 img_tgt 输入前面的 AutoEncoder－GAN

模型训练代码中。下面是图像修复任务的数据加载代码：

```
from torch.utils.data import DataLoader,Dataset
from torchvision.datasets import ImageFolder
from sklearn.model_selection import train_test_split
from config import DATA_FOLDER,BATCH_SIZE,SIZE
from glob import glob
import os.path as osp
from PIL import Image
from torchvision import transforms
import random
import torch
class FixData(Dataset):
    def_init_(self,folder=DATA_FOLDER,subset="train",trans
form=None):
        img_paths=glob(osp.join(DATA_FOLDER,"*/*.jpg"))
        # 划分训练集和测试集
        train_paths,test_paths=train_test_split(
            img_paths,test_size=0.2,random_state=10
        )
        # 训练集
        if subset=="train":
            self.img_paths=train_paths
        # 测试集
        else:
            self.img_paths=test_paths
        # 数据增强
        if transform is None:
            self.transform=transforms.Compose(
```

```
                [transforms.Resize((SIZE,SIZE)),transforms.
ToTensor()]
            )
        else:
            self.transform=transform
    def_getitem_(self,index):
        img=Image.open(self.img_paths[index]).convert("L")
        img = self.transform(img)
        # 随机选择顶点
        w=int(SIZE/3)
        xmin,ymin=(
            int(random.random()*(SIZE_W)),
            int(random.random()*(SIZE_W)),
        )
        img_src=img.clone()
        # 添加马赛克
        img_src[:,ymin:ymin+w,xmin:xmin+w]=torch.rand((1,w,w))
        return img_src,img
    def_len_(self):
        return len(self.img_paths)
# 数据增强
transform=transforms.Compose(
    [
        transforms.RandomRotation(15),
        transforms.Resize((SIZE,SIZE)),
        transforms.ToTensor(),
    ]
```

```
    )
    # 数据加载
    train_data=FixData(subset="train,transform=transform)
    val_data=FixData(subset="test")
    train_loader=DataLoader(train_data,batch_size=BATCH_SIZE*2,
shuffle=True)
    val_loader=DataLoader(val_data,batch_size=BATCH_SIZE*2,
shuffle=True)
    if_name_=="_main_":
        img_src,img_tgt = train-data[0]
        topil=transforms.ToPILImage()
        img_src=topil(img_src)
        img_tgt=topil(img_tgt)
        import matplotlib.pyplot as plt
        plt.subplot(121)
        plt.imshow(img_src,cmap="gray")
        plt.subplot(122)
        plt.imshow(img_tgt,cmap="gray")
        plt.show()
```

上述代码构建了一个用于图像修复任务的数据集，在 Getitem 方法中，我们生成了一个边长是图片边长的 1/3 大小的马赛克方块，然后在图片中选择了一个随机的位置进行粘贴，这样就实现了图片的遮挡，而图片修复的任务就是要将被遮挡的区域还原出来。

第六章　边缘检测

本章为边缘检测，分别介绍了边缘检测基本理论、模板匹配方法与 3×3 模板算子理论、微分梯度算子与微分边缘算子、圆形算子、滞后阈值、Canny 算子和 Laplacian 算子六个方面的内容。

第一节　边缘检测基本理论

边缘检测经历了 30 多年的演变。在此期间有两种主要的边缘检测方法：第一种是 TM 方法，第二种是 DG 方法。DG 和 TM 算子都借助于适当的卷积掩模来估计局部强度梯度。在 DG 型算子的情况下，仅需要两个这样的掩模——对于 x 和 y 方向。在 TM 的情况下，通常使用多达 12 个卷积掩模来估计梯度在不同方向上的局部分量。

在 TM 方法中，局部边缘梯度幅度（简而言之，边缘“幅度”）通过获取分量掩模的最大响应来近似。

公式 1：

$$g=\max(g_i : i=1,\cdots,n)$$

其中 n 通常为 8 或 12。

在 DG 方法中，局部边缘幅度可以使用非线性变换的向量计算。

公式 2：

$$g=(g_x^2+g_y^2)^{1/2}$$

为了节省计算量，通常的做法是用一种更简单的形式来近似这个公式。

公式 3：

$$g = |g_x| + |g_y|$$

或者公式 4：

$$g = \max(|g_x|, |g_y|)$$

一般而言，这两种方法同样准确。

在 TM 方法中，边缘方向被简单地估计为公式 1 中梯度最大值的掩模的边缘方向。在 DG 方法中，它由更复杂的方程矢量估计。

公式 5：

$$\theta = \arctan(g_y / g_x)$$

显然，DG 公式 2 和公式 5 比 TM 公式 1 需要更多的计算量，尽管它们更准确。然而，在某些情况下方向信息的提升似乎微乎其微。此外，图像对比度可能差异很大，因此对 g 的更精确估计进行阈值分割似乎没有什么好处，这可以解释为什么这么多人使用 TM 而不是 DG 方法。由于这两种方法基本上都涉及局部强度梯度估计，因此 TM 掩模通常与 DG 掩模相同也就不足为奇了（见表 6-1-1、表 6-1-2）。

表 6-1-1　常见的微分边缘算子掩模

a. Roberts 2 × 2 算子的掩模
$R_{x'} = \begin{bmatrix} 0 & 1 \\ -1 & 0 \end{bmatrix}$　$R_{y'} = \begin{bmatrix} 1 & 0 \\ 0 & -1 \end{bmatrix}$
b. Sobel 3 × 3 算子的掩模
$S_x = \begin{bmatrix} -1 & 0 & 1 \\ -2 & 0 & 2 \\ -1 & 0 & 1 \end{bmatrix}$　$S_y = \begin{bmatrix} 1 & 2 & 1 \\ 0 & 0 & 0 \\ -1 & -2 & -1 \end{bmatrix}$
c. Prewitt 3 × 3 平滑梯度算子的掩模
$P_x = \begin{bmatrix} -1 & 0 & 1 \\ -1 & 0 & 1 \\ -1 & 0 & 1 \end{bmatrix}$　$P_y = \begin{bmatrix} 1 & 1 & 1 \\ 0 & 0 & 0 \\ -1 & -1 & -1 \end{bmatrix}$

注：通过将普通卷积格式旋转 180°，掩模以直观的形式呈现（即系数在正 x 和 y 方向上增加）。这一惯例贯穿本章。2 × 2Roberts 算子掩模（a）可以被看作 x'轴与 y'轴相对通常的 x、y 轴旋转了 45°。

表 6-1-2　常见的 3×3 模板匹配边缘算子掩模

	0°	45°
a. Prewitt 掩模	$\begin{bmatrix} -1 & 1 & 1 \\ -1 & -2 & 1 \\ -1 & 1 & 1 \end{bmatrix}$	$\begin{bmatrix} 1 & 1 & 1 \\ -1 & -2 & 1 \\ -1 & -1 & 1 \end{bmatrix}$
b. Kirsch 掩模	$\begin{bmatrix} -3 & -3 & 5 \\ -3 & 0 & 5 \\ -3 & -3 & 5 \end{bmatrix}$	$\begin{bmatrix} -3 & 5 & 5 \\ -3 & 0 & 5 \\ -3 & -3 & -3 \end{bmatrix}$
c. Robinson 三级掩模	$\begin{bmatrix} -1 & 0 & 1 \\ -1 & 0 & 1 \\ -1 & 0 & 1 \end{bmatrix}$	$\begin{bmatrix} 0 & 1 & 1 \\ -1 & 0 & 1 \\ -1 & -1 & 0 \end{bmatrix}$
d. Robinson 五级掩模	$\begin{bmatrix} -1 & 0 & 1 \\ -2 & 0 & 2 \\ -1 & 0 & 1 \end{bmatrix}$	$\begin{bmatrix} 0 & 1 & 2 \\ -1 & 0 & 1 \\ -2 & -1 & 0 \end{bmatrix}$

注：该表仅示出了每组中八个掩模中的两个，其余掩模可以在每种情况下通过对称操作生成。对于三级和五级算子，八个掩模中的四个是其他四个掩模的反转版本（参见正文）。

第二节　模板匹配方法与 3×3 模板算子理论

一、模板匹配方法

如表 6-1-2 所示，显示了四种常见的用于边缘检测的 TM 掩模。这些掩模最初是从表 6-1-1 所示的 DG 掩模的两个案例开始，以直观的方式引入。在所有情况下，每组的八个掩模都是通过循环置换掩模系数从给定掩模中获得的。由于对称性，这对于偶排列是一个很好的策略，但是仅仅对称本身并不能证明它对于奇排列是正确的，下面将更详细地探讨这种情况。

首先请注意，“三级”掩模中的四个和“五级”掩模中的四个可以通过符号反转由它们组的其他四个掩模生成。这意味着在任何一种情况下，在每个像素邻域只需要执行四次卷积，从而节省了计算。如果把 TM 方法的基本思想看作比较八个方向上的强度梯度，那么这是一个明显的过

程。不使用这种策略的两个算子是早期在一些未知的直觉基础上开发的。在继续之前，我们讲解一下 Robinson“五级”掩模背后的原理。这是为了强调对角线边缘的权重，以补偿人眼的特征——人眼往往会增强图像中的垂直线和水平线。通常，图像分析涉及图像的计算机解释，需要一组各向同性的响应。因此，“五级”算子是一种特殊用途的算子，这里不需要进一步讨论。

这些讨论表明，上述四种模板算子有很强的理论依据，因此值得深入研究。

二、3×3 模板算子理论

下面假设使用八个掩模，角度相差 45°。此外，其中四个掩模与其他掩模的区别仅在于符号，因为这样基本不会造成任何性能损失，然后对称要求分别导致以下 0° 和 45° 的掩模。

$$\begin{bmatrix} -A & 0 & A \\ -B & 0 & B \\ -A & 0 & A \end{bmatrix} \quad \begin{bmatrix} 0 & C & D \\ -C & 0 & C \\ -D & -C & 0 \end{bmatrix}$$

设计掩模显然非常重要，以便它们在不同方向上给出一致的响应。为了找出这如何影响掩模系数，我们采用确保强度梯度遵循向量加法规则的策略。如果在 3×3 邻域内的像素强度值是：

$$\begin{array}{|ccc|} \hline a & b & c \\ d & e & f \\ g & h & i \\ \hline \end{array}$$

那么上述掩模将给出在 0°、90° 和 45° 方向上的以下梯度估计。

公式 1：

$$g_0 = A(c + i - a - g) + B(f - d)$$

公式 2：

$$g_{90} = A(a + c - g - i) + B(b - h)$$

公式 3：

$$g_{45}=C(b+f-d-h)+D(c-g)$$

如果向量加法是成立的，那么引出了以下公式。

公式 4：

$$g_{45}=(g_0+g_{90})/\sqrt{2}$$

对比系数 $a, b, \cdots, i$ 引出了以下等式。

公式 5：

$$C=B/\sqrt{2}$$

公式 6：

$$D=A/\sqrt{2}$$

另一个要求是 0° 和 45° 掩模在 22.5° 给出相等的响应，这可以推导出以下等式。

公式 7：

$$B/A=\sqrt{2}\frac{9t^2-(14-4\sqrt{2})t+1}{t^2-(10-4\sqrt{2})t+1}$$

其中 $t=\tan 22.5°$，因此有如下公式。

公式 8：

$$B/A=(13\sqrt{2}-4)/7=2.055$$

现在，我们可以总结在 TM 掩模设计方面的结论。首先，通过在正方形邻域中“循环”地遍历系数来获得一组掩模是人为设计且无关具体图形的，这样才能产生有用的信息。其次，根据向量相加的规律和不同方向响应一致的需要，我们证明了理想的 TM 掩模需要与 Sobel 系数接近；我们还严格推导了 B/A 比值的精确值。

在对 TM 边缘检测掩模的设计过程有了一些了解之后，我们接着研究 DG 掩模的设计。

第三节　微分梯度算子与微分边缘算子

一、微分梯度算子的设计

此处研究 DG 算子的设计，包括 Roberts 2×2 算子和 Sobel 及 Prewitt3×3 算子（见表 6-1-1）。Prewitt 或“梯度平滑”类型的算子已由普鲁伊特 Prewitt（1970）等人扩展到更大的像素邻域（见表 6-3-1）。在这些情况下，基本原理是在合适尺寸的邻域上用最佳拟合平面来模拟局部边缘。在数学上，这相当于获得适当的加权平均值，以估计 x 和 y 方向上的斜率。正如哈拉利克 Haralick（1980）所指出的，使用等权平均值来测量给定方向的斜率是不正确的：使用的适当权重由表 6-3-1 列出的掩模给出。因此 Roberts 和 Prewitt 算子显然是最优的，而 Sobel 算子不是，这将在下面更详细地讨论。

表 6-3-1　在正方形邻域中估计梯度分量的掩模

	M_x	M_y
a. 2×2 邻域	$\begin{bmatrix}-1 & 1\\-1 & 1\end{bmatrix}$	$\begin{bmatrix}1 & 1\\-1 & -1\end{bmatrix}$
b. 3×3 邻域	$\begin{bmatrix}-1 & 0 & 1\\-1 & 0 & 1\\-1 & 0 & 1\end{bmatrix}$	$\begin{bmatrix}1 & 1 & 1\\0 & 0 & 0\\-1 & -1 & -1\end{bmatrix}$
c. 4×4 邻域	$\begin{bmatrix}-3 & -1 & 1 & 3\\-3 & -1 & 1 & 3\\-3 & -1 & 1 & 3\\-3 & -1 & 1 & 3\end{bmatrix}$	$\begin{bmatrix}3 & 3 & 3 & 3\\1 & 1 & 1 & 1\\-1 & -1 & -1 & -1\\-3 & -3 & -3 & -3\end{bmatrix}$
d. 5×5 邻域	$\begin{bmatrix}-2 & -1 & 0 & 1 & 2\\-2 & -1 & 0 & 1 & 2\\-2 & -1 & 0 & 1 & 2\\-2 & -1 & 0 & 1 & 2\\-2 & -1 & 0 & 1 & 2\end{bmatrix}$	$\begin{bmatrix}2 & 2 & 2 & 2 & 2\\1 & 1 & 1 & 1 & 1\\0 & 0 & 0 & 0 & 0\\-1 & -1 & -1 & -1 & -1\\-2 & -2 & -2 & -2 & -2\end{bmatrix}$

注：上述掩模可视为扩展的 Prewitt 掩模。该 3×3 掩模是 Prewitt 掩模，为完整起见，列入本表。在所有情况下，为了简单起见，本章权重因子都被省略了。

对边缘检测问题的充分讨论涉及在不能假设局部强度模式为平面时估计边缘大小和方向的精度。事实上，已经有很多关于阶跃边缘近似值的边缘检测算子的角度依赖性的分析。特别是，古尔曼 O’Gorman 考虑了由在正方形邻域内观察到的阶跃边缘引起的估计角度与实际角度的变化，但注意所考虑的情况是连续体而不是离散的像素网格——发现这导致角度误差从 0° 和 45° 时的零变化到 28.37° 时的最大值 6.63°（其中估计方位为 21.74°）的平滑变化，这一范围以外的角度的变化被对称复制。阿卜杜 Abdou 和普瑞特 Pratt 获得了离散网格中 Sobel 和 Prewitt 算子的类似变化，各自的最大角度误差为 1.36° 和 7.38°。Sobel 算子似乎具有接近最佳的角度精度，因为它接近“真正的圆形”算子。这一点将在下面更详细地讨论。

二、微分边缘算子的系统设计

“圆形”DG 边缘算子族仅包含一个设计参数——半径 r，只有有限数量的该参数值可获得最佳边缘方向估计精度。

值得考虑的是，这一参数可以控制哪些其他属性，以及在算子设计期间应该如何调整。事实上，它会影响信噪比、分辨率、测量精度和计算负载。要理解这一点，首先要注意信噪比随圆形邻域半径的线性变化，因为信号与面积成正比，高斯噪声与面积的平方根成正比。同样，测量精度由进行平均的像素数量决定，因此与算子半径成比例。分辨率和“比例”也随半径的变化而变化，因为图像的相关线性特性是在邻域的有效区域上被平均得到的。最后，计算负载和用于加速处理的相关硬件成本通常至少与邻域中的像素数量成比例，因此与 P 成比例。

总的来说，四个重要参数随着邻域半径的变化是固定不变的，这意味着它们之间存在着确切的权衡，有些改进只能通过损失其他参数来实现——从工程的角度来看，它们之间必须根据具体情况做出妥协。

第四节　圆形算子

一、圆形算子的概念

如上所述，当在正方形邻域中估计阶跃边缘方向时，可能导致高达6.63°的误差。这种误差在平面边缘近似下不会产生，因为平面与正方形窗口内的平面边缘轮廓的拟合可以精确地进行。误差仅当在正方形邻域内，边缘轮廓与理想平面形状不同时才会出现——阶跃边缘可能是“最坏的情况”。

控制边缘方向估计误差的一种方法可能是将边缘观察限制在圆形邻域内。在连续的情况下，这足以将所有方向的误差减小到零，因为对称性规定，假设所有平面都通过相同的中心点，只有一种将平面拟合到圆形邻域内阶跃边缘的方法；那么，估计的方向 θ 等于实际角度 φ。根据布鲁克斯 Brooks 所指出的路线进行严格计算，得出正方形邻域的以下公式。

公式 1：

$$\tan\theta = 2\tan\varphi /（3 - \tan^2\varphi）\quad 0° \leqslant \varphi \leqslant 45°$$

推导出下列公式［对于圆形邻域（Davies，1984 b)］。

公式 2：

$$\tan\theta = \tan\varphi，即\ \theta = \varphi$$

类似地，在连续近似下，将平面拟合到圆形邻域内任何轮廓的边缘都是零角度误差。实际上，对于任意形状的边缘表面，唯一的问题是数学最佳拟合平面是否符合客观需要的平面（如果不符合，则需要固定的角度校正）。忽略这些情况，基本问题是如何在通常为 3 × 3 或 5 × 5 像素的小尺寸数字图像中逼近圆形邻域。

为了系统地进行，我们首先回顾哈拉利克提出的一项基本原则：两个正交方向上的斜率决定了任意方向上的斜率，这在向量演算中是众所周知的。然而，它在图像处理界似乎并不那么出名。

本质上，两个正交方向上的斜率的适当估计可以计算任意方向上的斜率。要应用这一原则，首先要对斜率进行适当的估计：如果斜率的分量不合适，它们就不能作为真实向量的分量，从而导致边缘方向的估计误差。这似乎是 Prewitt 算子和其他算子的主要误差来源——与其说斜率分量在任何情况下都是不正确的，不如说它们不适合向量计算的目的，因为它们不能以所需的方式彼此充分匹配。

根据前面讨论的连续情况的论点，必须在圆形邻域内严格估计斜率。然后，算子设计问题转变成确定如何最好地模拟离散网格上的圆形邻域，从而使误差最小化。为了实现这一点，需要在计算掩模时应用接近圆形的加权，以便适当考虑梯度加权和圆形加权因子之间的相关性。

二、圆形算子的详细实现

实际上，计算角度变化和误差曲线的任务必须用数字处理，将邻域中的每个像素分成适合的小的子像素阵列，然后给每个子像素分配梯度权重（等于 x 或 y 位移）和邻域权重（半径为 r 的圆的内侧为 1，外侧为 0）。显然，“圆形”DG 边缘检测算子的角度精度必须依赖于圆形邻域的半径。特别是，当离散邻域接近连续体时，对于小的 r 值精度差，而对于大的 r 值精度好。

如图 6-4-1 所示，是这种研究的结果。所描绘的变化表示：均方根（RMS）角度误差；边缘方向估计中的最大角度误差。变化的结构都极其平滑：它们是如此紧密相关和系统化，以至于它们只能代表不同大小邻域内像素排列的统计数据的细节。

总体而言，图 6-4-1 的三个特征值得注意。首先，如预期的，随着 r 趋于无穷大，角度误差一般趋向于零。其次，存在非常显著的周期性变

化，在圆形算子与数字网格的细分最匹配的情况下，具有特别好的精度。最后，对于 r 的任何有限值，误差都不会消失——显然，问题的约束条件不允许超过误差最小化。这些曲线表明，可以生成最优算子族（在误差曲线的最小值处），其第一个算子紧密对应于已知接近最优的算子（Sobel 算子）。

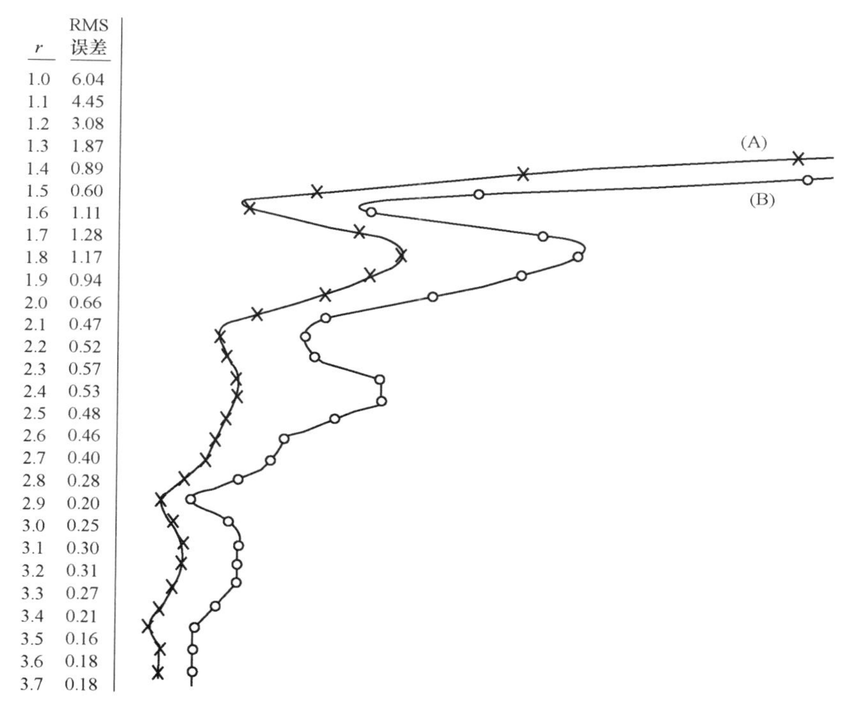

图 6-4-1　角误差变化（半径为 r 的函数）

（A）RMS 角误差；（B）最大角误差

请注意，上面通过考虑圆形算子获得的最佳 3×3 掩模实际上非常接近在第二节中纯解析获得的模板匹配掩模，它们遵循向量相加规则。在后一种情况下，对于两个掩模系数的比率，获得的值为 2.055，而对于圆形算子，该值为 $0.959/0.464 = 2.067 \pm 0.015$。显然这不是偶然，令人非常满意的是，以前被认为是特定设置的（ad Hoc）系数实际上是可优化的，并且可以以封闭形式获得。

第五节　滞后阈值

滞后阈值的概念是一个通用的概念，可以应用于各种应用，包括图像和信号处理。事实上，施密特触发器是一种使用非常广泛的电子电路，用于将变化的电压转换成脉冲（二进制）波形。在后一种情况下有两个阈值，在允许输出接通之前，输入必须上升到上阈值以上；在允许输出断开之前，输入必须下降到下阈值以下。这对于输入波形中的噪声具有相当大的抗扰性——远远超过上开关阈值和下开关阈值之间的差为零的情况（零滞后的情况），因为这时少量噪声就会导致上输出电平和下输出电平之间的过度切换。

当这个概念被应用到图像处理中时，通常是用于边缘检测，在这种情况下，需要在物体边界周围协商一个完全类似的一维波形，我们将看到会出现一些特定的二维并发症。基本规则是在高电平对边缘进行阈值化，然后允许边缘向下延伸到低电平阈值，但仅邻近已经被分配边缘状态的点。

如图 6-5-1 所示，为对图 6-5-1E 中的边缘梯度图像进行测试的结果；图 6-5-1A 和 B 分别示出了在上滞后水平和下滞后水平下阈值化的结果；图 6-5-1C 示出了使用这两个水平的滞后阈值化的结果。为了进行比较，图 6-5-1D 给出了在适当选择的中间水平下阈值化的效果。请注意，物体边界内的孤立边缘点被滞后阈值化忽略，尽管噪声杂散可能发生并被保留。我们可以将边缘图像中的滞后阈值处理过程看作：形成上阈值边缘图像的超集；形成下阈值边缘图像的子集；通过通常的连通性规则，形成连接到上阈值图像中的点的下阈值图像子集。

显然，边缘点只有在被上阈值图像的点确定为“种子”时才能保留。

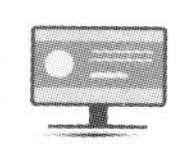

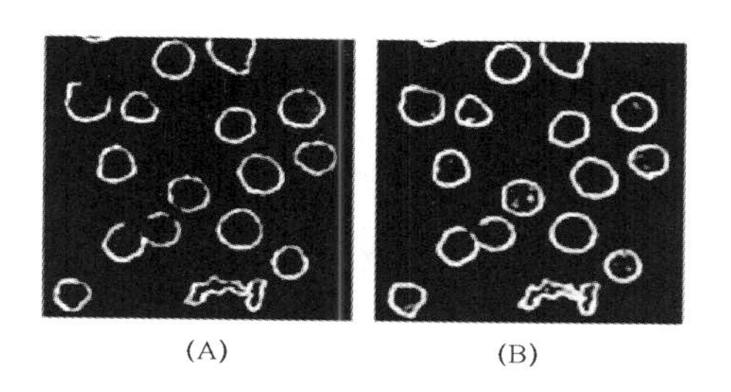
(A)　　(B)

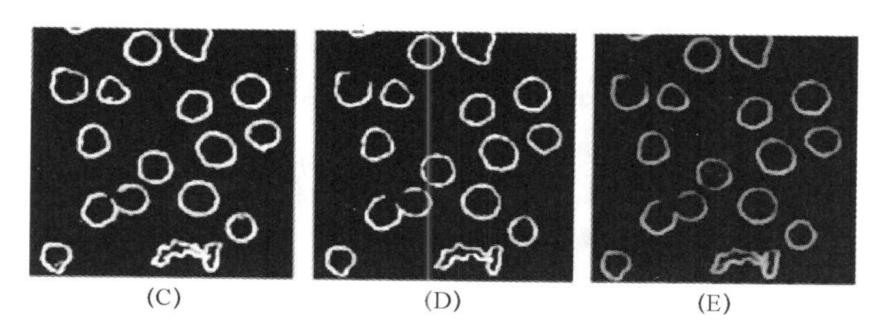
(C)　　(D)　　(E)

图 6-5-1　滞后阈值的效果

尽管图 6-5-1C 中的结果优于图 6-5-1D，其中边界中的间隙被消除或长度减小，但在少数情况下引入噪声杂散。然而，滞后阈值的目的是通过利用物体边界中的连通性来获得假阳性和假阴性之间的更好平衡。实际上，如果正确管理，附加参数通常会导致边界像素分类误差的净（平均）减少。然而，除了以下几点之外，选择滞后阈值的简单准则很少。

（1）使用一对滞后阈值，其提供对已知噪声水平范围的抗扰性。

（2）选择下阈值以限制噪声杂散的可能程度（原则上是包含所有真实边界点的最低阈值子集）。

（3）选择上阈值以尽可能保证重要边界点的“播种”（原则上是连接到所有真实边界点的最高阈值子集）。

不幸的是，在高信号可变性的限制下，规则 2 和 3 似乎建议彻底消除迟滞。归根结底，这意味着处理该问题的唯一严格的方法是对任何新应用中的大量图像进行完整的假阳性和假阴性统计分析。

第六节　Canny 算子和 Laplacian 算子

一、Canny 算子

自 1986 年被设计出来，Canny 算子（Canny，1986）已经成为应用最广泛的边缘检测算子之一[①]。这是有原因的，因为它旨在摆脱基于掩模的算子的传统（其中许多不能被认为是“设计的”），是一个完全条理化和完全集成的算子。这种方法的本质是仔细规定其预期工作的空间带宽，并且排除不必要的阈值，同时允许细线结构出现，并且确保它们尽可能地连接在一起，以及在特定的尺度和带宽下确实是有意义的。基于这些考虑，该方法涉及多个处理阶段：低通空间频率滤波；一阶微分掩模的应用；涉及像素强度的子像素内插的非最大抑制；滞后阈值。

原则上，低通滤波通过高斯卷积算子进行，其中标准差（或空间带宽）σ 已知并预先指定。然后需要应用一阶微分掩模，为此 Sobel 算子是可接受的。在这方面，请注意 Sobel 算子掩模可以被认为是具有［1 1］平滑掩模的基本［−1 1］型掩模的卷积（⊗）。因此，对 Sobel 的 x 求导得到如下内容。

公式 1：

$$\begin{bmatrix} -1 & 0 & 1 \\ -2 & 0 & 2 \\ -1 & 0 & 1 \end{bmatrix} = \begin{bmatrix} 1 \\ 2 \\ 1 \end{bmatrix} \begin{bmatrix} -1 & 0 & 1 \end{bmatrix}$$

公式 2：

$$\begin{bmatrix} 1 & 2 & 1 \end{bmatrix} = \begin{bmatrix} 1 & 1 \end{bmatrix} \otimes \begin{bmatrix} 1 & 1 \end{bmatrix}$$
$$\begin{bmatrix} -1 & 0 & 1 \end{bmatrix} = \begin{bmatrix} -1 & 1 \end{bmatrix} \otimes \begin{bmatrix} 1 & 1 \end{bmatrix}$$

---

① 刘红敏，王志衡．计算机视觉特征检测及应用［M］．北京：机械工业出版社，2018.

这些等式清楚地表明，Sobel 算子本身包括相当数量的低通滤波，因此可以合理地减少阶段 1 所需的附加滤波量。另外需要注意的是，低通滤波本身可以通过图 6-6-1B 所示类型的平滑掩模来执行，该掩模与图 6-6-1A 所示的全二维高斯非常接近。还要注意，图 6-6-1B 中掩模的带宽是精确已知的（它是 0.707），并且当与 Sobel 的带宽相结合时，整个带宽几乎精确地变为 1.0（见图 6-6-1）。

(A)

0.000	0.000	0.004	0.008	0.004	0.000	0.000
0.000	0.016	0.125	0.250	0.125	0.016	0.000
0.004	0.125	1.000	2.000	1.000	0.125	0.004
0.008	0.250	2.000	4.000	2.000	0.250	0.008
0.004	0.125	1.000	2.000	1.000	0.125	0.004
0.000	0.016	0.125	0.250	0.125	0.016	0.000
0.000	0.000	0.004	0.008	0.004	0.000	0.000

(B)

1	2	1
2	4	2
1	2	1

图 6-6-1　3 × 3 平滑内核

图 6-6-1 是 3 × 3 平滑内核著名的。该图显示了基于高斯的平滑核（A），它在中心区域（3 × 3）上最接近著名的 3 × 3 平滑核（B）。为了清晰，两个都没有用因子 1/16 来标准化。较大的高斯包络线在图中区域外下降到 0.000，积分到 18.128 而不是 16。因此，图 B 中的核可以说近似于 13%内的高斯分布。其实际标准差为 0.707，而高斯分布为 0.849。

接下来，我们将注意力转向第三阶段，即非最大抑制阶段。为此，我们需要用方程 $\theta = \arctan(g_x / g_y)$确定局部边缘法线方向，并沿法线方向任意移动，以确定当前位置是否为沿法线方向的局部最大值。如果不是，则抑制当前位置的边缘输出，仅保留沿边缘法线证明为局部最大值的边缘点。因为沿着这个方向应该只有一个点是局部最大值，所以这个过程必将灰度边缘变薄到单位宽度。这里出现了一个小问题，即边缘法线方向一般不会穿过相邻像素的中心，因此 Canny 方法要求通过插值来估计沿着法线的强度。如图 6-6-2A 所示，在 3 × 3 邻域中，这可以简单实现,因为任何八分点中的边缘法线都必须位于给定的一对像素之间。在较大邻域中，插值可以发生在几对像素之间。例如，在 5 × 5 邻域中，必须确定两对中的哪一对是相关的（图 6-6-2B），并应用适当的插值公式。然而，可以理解为不需要使用更大的邻域，因为 3 × 3 邻域将包含所有相关信息，并且在阶段 1 中给出足够的预平滑——将导致可忽略的精度损失。当然，如果存在脉冲噪声，这可能会导致严重的误差，但是低通滤波在任何情况下都不能保证消除脉冲噪声，所以使用较小的邻域进行非最大抑制没有特殊的损失。以上考虑需要根据特定的图像数据及其包含的噪声仔细考查（见图 6-6-2）。

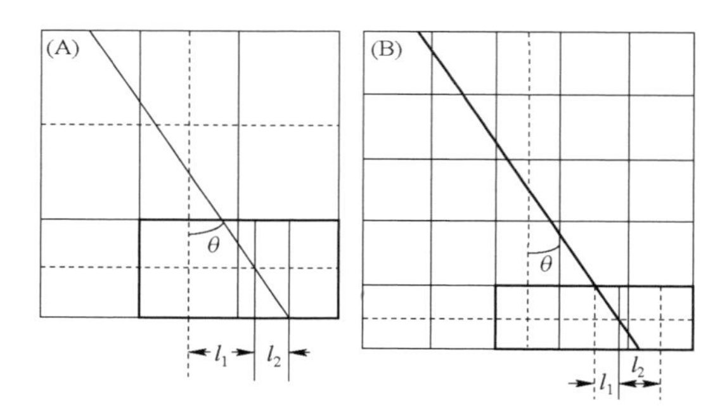

图 6-6-2　Canny 算子中的像素插值

图 6-6-2 示出了必须确定的两个距离 l_1 和 l_2。通过与距离成反比的加权相应的像素强度来给出沿边缘法线的像素强度。

公式 3：

$$I = (l_2 I_1 + l_1 I_2)/(l_1 + l_2) = (1 - l_1)I_1 + l_1 I_2$$

其中，公式 4：

$$l_1 = \tan\theta$$

这将我们带到最后一个阶段——滞后阈值。至此，在不应用阈值的情况下尽可能地实现了目标，因此有必要采取这一最后步骤。然而，通

过应用两个滞后阈值，旨在限制单个阈值可能造成的损害，并用另一个阈值进行修复。也就是说，选择上阈值以确保捕获可靠的边缘，然后选择具有高可能性的其他点，因为它们与已知可靠的边缘点相邻。事实上这还是特定的，但在实践中效果相当好。选择下阈值的一个简单规则是，它应该大约是上阈值的一半。同样，这只是经验法则，必须根据特定的图像数据仔细检验。

二、Laplacian 算子

边缘检测器如 Sobel 是一阶导数算子，Laplacian 是二阶导数算子，因此它只对强度梯度的变化敏感[①]。在二维空间中，其标准（数学）定义如下。

公式 5：

$$\nabla^2 = \frac{\partial^2}{\partial x^2} + \frac{\partial^2}{\partial y^2}$$

利用两个不同带宽的高斯函数对高斯核进行差分（DoG），可以得到计算 Laplacian 的局部掩模。这给它们一个各向同性的二维轮廓——一个正中心和一个负周围。这种形状可以通过如下掩模在 3 × 3 窗口中进行近似。

公式 6：

$$\begin{bmatrix} -1 & -1 & -1 \\ -1 & 8 & -1 \\ -1 & -1 & -1 \end{bmatrix}$$

显然，这种掩模远非各向同性的，但是它表现出较大掩模的许多特性，如 DoG 核，它们更准确地说是各向同性的。

①［新西兰］史蒂芬·马斯兰. 机器学习［M］. 高阳，商琳，等. 译. 北京：机械工业出版社，2019.

这里我们只介绍这种算子的特性。要注意 Laplacian 输出的范围从正到负，因此在图 6-6-3C 中，它呈现为中等灰度背景，这表明在物体的确切边缘，Laplacian 输出实际上为零。这在图 6-6-3D 中变得更清楚，其中示出 Laplacian 输出的幅度。可以看出，由 Sobel 或 Canny 算子定位的边缘位置的正内侧和正外侧由强信号突出显示（见图 6-6-3B）。理想情况下，这种效果是对称的，如果 Laplacian 算子用于边缘检测，则必须找到输出的过零点。然而，尽管对图像进行了初步平滑（见图 6-6-3A），图 6-6-3D 中的背景仍具有大量噪声，因此试图寻找过零点将导致除边缘点之外还检测到大量噪声。事实上，众所周知，微分（特别是双重微分，如这里所述）倾向于加重噪声。尽管如此，这种方法已经被非常成功地使用，通常与 DoG 算子在更大的窗口中工作。实际上，对于大得多的窗口，将会有大量像素位于零交叉点附近，并且可以更成功地区分它们和仅具有低 Laplacian 输出的像素。使用 Laplacian 零交叉理论的一个特殊优点是，理论上它们必然导致物体周围的闭合轮廓（尽管噪声信号也将具有它们自己单独的闭合轮廓）（见图 6-6-3）。

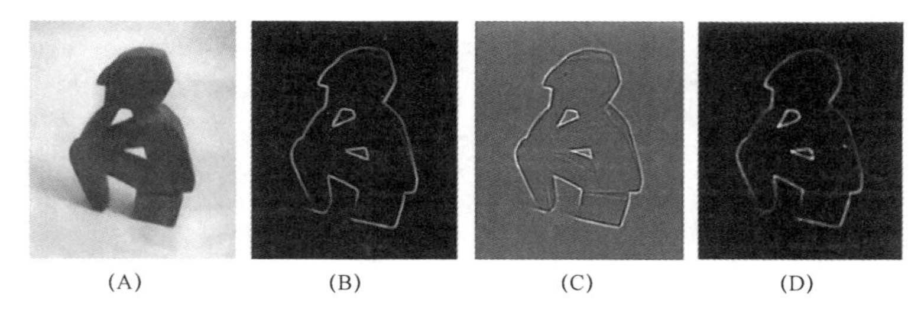
(A) (B) (C) (D)

图 6-6-3 Sobel 和 Laplacian 输出的比较

图 6-6-3 为 Sobel 和 Laplacian 输出的比较：（A）原始图像的预平滑版本；（B）应用 Sobel 算子的结果；（C）应用 Laplacian 算子的结果，因为 Laplacian 输出可以是正的或负的，所以图 C 中的输出相

对于中等（128）灰度背景显示；（D）Laplacian 输出的绝对幅度。为清晰起见，图 C 和图 D 以增强的对比度呈现。请注意，图 D 中的 Laplacian 输出给出了两条边缘，一条在 Sobel 或 Canny 算子指示的边缘位置的正内侧，一条在边缘位置的正外侧（要使用 Laplacian 检测边缘，必须定位过零点），这里使用的 Sobel 和 Laplacian 都应用于 3 × 3 窗口。

第七章 计算机视觉的基础应用

本章为计算机视觉的基础应用，主要介绍了三个方面的内容，依次是计算机视觉在人脸检测与识别上的应用、计算机视觉在监控上的应用、计算机视觉在车载视觉系统上的应用。

第一节 计算机视觉在人脸检测与识别上的应用

一、人脸检测

人脸检测是计算机视觉领域中的一项重要任务，旨在自动地检测和定位图像或视频中的人脸区域。人脸检测通常是人脸识别、情感分析、人脸属性分析等应用的前置步骤。

从人流控制到监控进入大楼的行人，人脸检测在许多实际生活场景中已经变得非常重要。在许多情况下，仅人脸检测并不足以完成任务，人脸需要被识别或者在一些场景需要被验证，如进入银行金库或者登录一台计算机。人脸检测可以说是最基本的需要，因为这不仅可以统计人数，也是人脸识别的前提。也可以说识别这一动作本身必然包含检测，而验证身份是人脸识别中只有一人需要被识别的例子。在事情的总体方案中，人脸检测是这些任务中最简单的。从原理上说，人脸检测通过使

用一个基于“平均”脸的合适的滤波器就可以自动做到，“平均”脸可以通过“平均”数据库中的大量人脸获得。但是，在达到实际效果时，有大量错综复杂的情况需要考虑，因为人脸图像极大可能是在很广泛的不同照明条件下采集的，而且面部不太可能被正面拍摄。事实上，头也会有不同的位置和姿态，所以即便是完全正面的视角，头也可能有不同程度的平面内旋转和平面外旋转。翻滚角、俯仰角、偏航角对于人脸检测或识别（类似船舶）来说，是三个需要被控制或者说是会存在的重要角度。当然，也有一些情况下人脸的姿态是被控制限制的，如拍护照上的照片和驾驶证上的照片时，但是这些情况要被当成是例外。最后，不能忘记的一点是人脸是灵活的物体：不仅下巴可以移动，嘴和眼睛可以张开或者闭上，而且可以做出极其丰富的面部表情（也可以体现情绪）。

以下是人脸检测的一般步骤。

（1）图像预处理：对输入图像进行预处理，如图像缩放、灰度转换、直方图均衡化等，以便提高后续处理的效果和速度。

（2）特征选择：选择适合于人脸检测的特征，如边缘、纹理、色彩信息等。常见的特征选择方法包括 Haar 特征、HOG 特征、CNN 特征等。

（3）分类器训练：使用带有标记的人脸和非人脸样本，训练分类器来区分人脸和非人脸区域。常见的分类器包括支持向量机（SVM）、卷积神经网络（CNN）等。

（4）人脸区域检测：将训练好的分类器应用于输入图像上的各个位置，通过滑动窗口或金字塔搜索的方式，检测出可能的人脸区域。

（5）人脸区域精化：对检测到的人脸区域进行进一步的处理和筛选，以消除误检和漏检。常见的方法包括非极大值抑制（NMS）和形状模型等。

（6）人脸区域输出：将最终确定的人脸区域的位置、大小等信息输出，供后续的人脸识别、分析或其他应用使用。

人脸检测是从获取的图像中去除干扰，提取人脸信息，获取人脸图像位置，检测的成功率主要受图像质量，光线强弱和遮挡等因素影响（见图 7-1-1）。

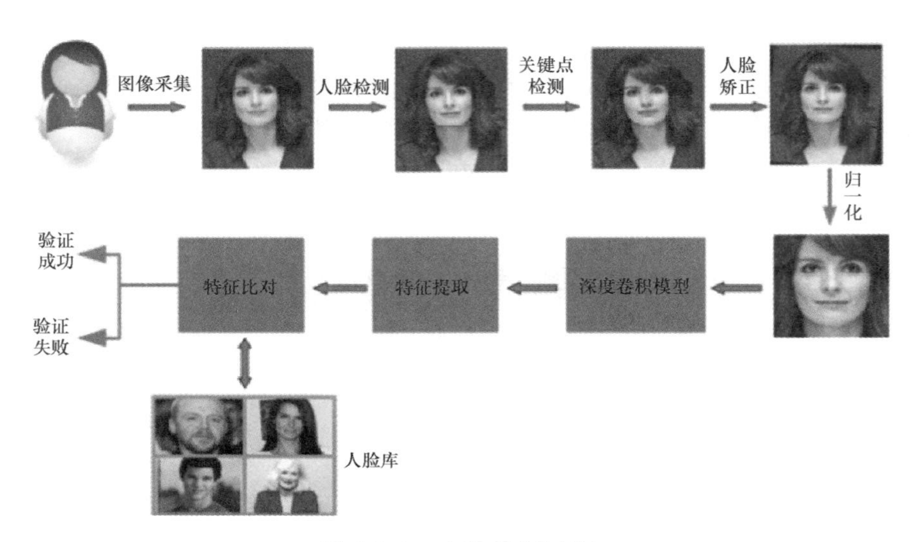

图 7-1-1 人脸检测过程

人脸检测技术在实际应用中已经取得了广泛的应用，如人脸识别门禁系统、人脸表情分析、人脸属性识别等。然而，人脸检测仍然面临一些挑战，如光照变化、姿态变化、遮挡、多样性等。随着深度学习和卷积神经网络的发展，人脸检测技术不断提升，进一步改善了准确率和鲁棒性。

二、人脸识别

人脸识别是一种基于计算机视觉和模式识别技术的生物特征识别方法，用于识别和验证一个人的身份。它通过分析和比对人脸图像中的特征点和特征模式来进行识别，以下是人脸识别的一般步骤。

（1）人脸检测：使用人脸检测算法定位图像或视频中的人脸区域，常见的人脸检测方法包括基于特征的方法、基于机器学习的方法和基于

深度学习的方法。

（2）特征提取：从检测到的人脸图像中提取出有代表性的特征，常见的特征提取方法包括主成分分析（PCA）、线性判别分析（LDA）、局部二值模式（LBP）等。这些方法将人脸图像转化为低维的特征向量或特征描述符。

（3）特征匹配：将提取到的特征与已存储的人脸特征数据库中的特征进行比对和匹配。匹配可以使用距离度量方法（如欧氏距离、余弦相似度）或分类器（如支持向量机、卷积神经网络）来进行。

（4）决策和输出：根据匹配结果，确定输入人脸的身份或类别。如果匹配结果超过了设定的阈值，则判断为验证通过，识别为已知的人脸；否则，可能是未知的人脸或误识别。

人脸识别作为一种生物特征识别技术，具有非侵扰性、非接触性、友好性和便捷性等优点。

人脸识别技术在安全认证、门禁控制、监控系统、移动支付、社交媒体等方面具有广泛应用。它提供了一种方便、快速、非接触的身份验证方式，并具备一定的抵抗伪装和欺骗的能力。

然而，人脸识别技术也存在一些挑战和问题，如光照变化、姿态变化、遮挡、表情变化等因素会对识别性能产生影响。此外，人脸识别还涉及隐私和伦理问题，需要在应用中进行充分的考虑和管理。

三、人脸检测与识别的应用领域

（一）人脸表情分析

基于人脸表情的情绪识别通常包括两个主要任务：人脸检测和人脸表情分类。人脸检测是指在输入图像中检测和定位人脸的位置和大小，为后续的表情识别提供基础数据；人脸表情分类是指将输入的人脸图像分为多个情感类别，如愤怒、厌恶、恐惧、开心、伤心、惊讶和中性等。这项技术可以识别出人的基本情绪，具有广泛的应用价值（见图 7-1-2）。

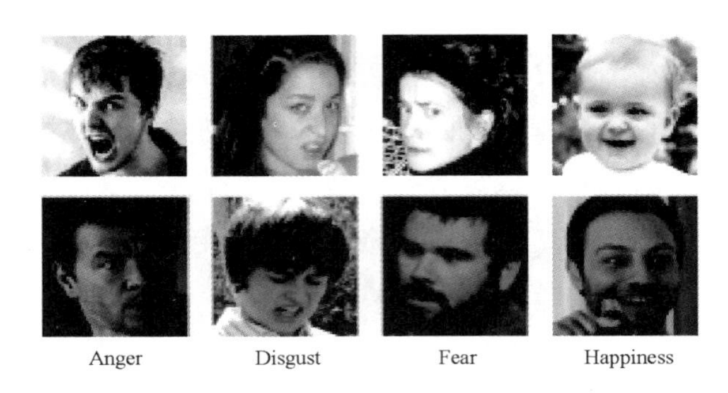

图 7-1-2　人脸表情分类

（二）人脸识别门禁系统

人脸识别门禁控制系统基于先进的人脸识别技术，结合成熟的 ID 卡和指纹识别技术，创新推出的一款安全实用的生物识别门禁控制系统。该系统采用分体式设计，人脸、指纹和 ID 卡信息的采集和生物信息识别及门禁控制内外分离，实用性高、安全可靠。系统采用网络信息加密传输，支持远程进行控制和管理，可广泛应用于银行、军队、公检法、智能楼宇等重点区域的门禁安全控制（见图 7-1-3）。

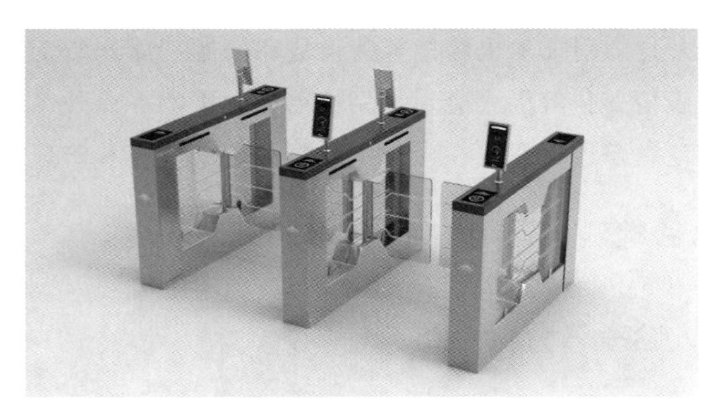

图 7-1-3　人脸识别门禁系统

（三）人脸属性识别

人脸属性识别是识别人脸的性别、年龄、姿势、表情等属性值的技

术。这在一些单反 App 中使用，可以手动识别并标记相机视野内人物的性别、年龄等特征。

人脸属性识别包括性别识别、年龄识别、表情识别、手势识别、发型识别等。一般来说，每个属性的识别算法过程是独立的，并且有一些基于深度学习的新算法可以同时输出年龄、性别、姿势、表情等属性的识别结果（见图 7-1-4）。

图 7-1-4　年龄识别

（四）人脸识别支付

人脸识别技术能够利用计算机视觉算法对人脸进行识别和验证。通过使用摄像头采集用户的面部信息,并与事先存储的身份数据进行比对,从而实现身份认证。相比于传统的密码、指纹等身份验证方式，人脸识别支付具备以下优势。

（1）方便快捷：用户只需通过摄像头进行拍摄，无需输入密码或使用其他设备，大大提高了支付的速度和便利性。

（2）安全性高：每个人的面部特征都是独一无二的，因此人脸识别能够提供更高的安全性。同时，一些高级的人脸识别系统还能检测假体、照片等欺骗行为，防止身份盗用。

（3）可靠性强：人脸识别技术的准确率不断提高，误识别率和漏识别率显著降低，使其在支付场景下更加可靠。

目前，许多移动支付平台已经开始采用人脸识别技术，如通过支付宝、微信等应用程序实现的刷脸支付。用户可以通过简单的面部扫描完成付款过程，无需使用密码或其他身份验证方式（见图 7-1-5）。

图 7-1-5　刷脸支付

第二节　计算机视觉在监控上的应用

视觉监控是计算机视觉中一个长期存在的领域，其早期的主要用途之一是获取关于军事活动的信息——无论是来自高空飞行的飞机还是来自卫星。然而，随着摄像机越来越便宜，后来它被广泛用于道路交通监控中。下面详细介绍基于计算机视觉的智能交通监控系统。

一、系统算法流程

如图 7-2-1 所示，为系统算法流程第一步是多目标检测，采用 YOLOV4，将检测结果进行分类，筛选出车辆、行人、交通信号灯三类目标。结合交通管理员设置的卡口范围，确定系统跟踪的车辆。第二步是多目标跟踪，采用 Deep Sort 算法跟踪车辆。第三步是遍历跟踪结果，统计车流量，检测被跟踪车辆的车牌车速，判断该车是否具有违章行为，

如果具有违章行为，将当前帧以及违章车辆内写入文件。最后，管理员查看违章记录时采用预训练的模型识别车型、颜色。

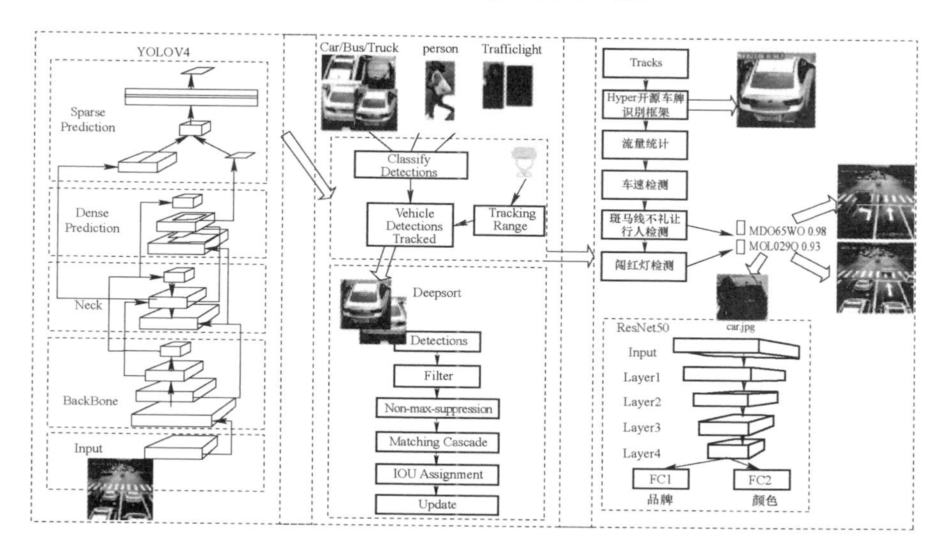

图 7-2-1　系统算法流程

二、关键技术

（一）车辆跟踪

Deep Sort 算法的深度外观模型是在行人重识别数据集上训练得到的，用于人的多目标跟踪效果好，用于车辆的跟踪不一定适用，我们下载了 VeRi 车辆重识别数据集，利用卷积神经网络训练了适用于车辆的深度外观模型。VeRi 数据集在不同的视角、光照、遮挡下拍摄每辆车，有利于提高车辆跟踪的鲁棒性（见图 7-2-2）。

（二）流量统计及对比分析

根据跟踪的结果进行流量统计，采用列表将每一帧为车辆分配的 ID 记录下来，为了避免未被确认的跟踪对象引起的 ID 不连续，我们将 ID 列表转为集合根据 ID 在集合中的下标作为跟踪车辆的唯一标识呈现给

图 7-2-2 跟踪效果

用户。另外，为了对比分析东西向和南北向道路流量情况，系统支持双视频监测，利用多线程同时检测两个方向的道路统计车流量并将流量分析结果可视化，同时将流量统计结果写入文件，管理员查看历史路况即可分析流量高峰（见图 7-2-3）。

图 7-2-3 流量统计结果

（三）车型识别

采用 ResNet50 网络训练分类模型，添加多标签全连接层，分别对车型和颜色进行分类，管理员查看历史违章记录时系统调用预训练的模型识别违章车辆的车型、颜色（见图 7-2-4）。

图 7-2-4　车型识别示意图

第三节　计算机视觉在车载视觉系统上的应用

本节介绍车载视觉系统。这一主题显然与上一节的许多观点重叠，特别是关于交通监控，但是在这里我们讨论的是来自车辆内部的视频流，而不是来自安装在高架龙门上（通常）的固定摄像机。

车载视觉系统是一种在汽车上应用计算机视觉技术的系统，旨在提供驾驶辅助、安全监控和智能化功能，以下是车载视觉系统上常见的应用。

一、驾驶辅助系统

车载视觉系统可以用于实现多种驾驶辅助功能，如车道保持辅助、自适应巡航控制等。通过分析道路图像，检测车道线、交通标志和障碍物等，提供驾驶员的警告或辅助控制信号，帮助驾驶员保持车辆在正确的车道内行驶，并自动控制车辆速度与前车保持安全距离（见图 7-3-1）。

图 7-3-1　自适应巡航控制系统

二、前方碰撞预警

车载视觉系统可以通过识别前方车辆和行人，以及评估与其之间的距离和相对速度，提供前方碰撞预警功能。当系统检测到潜在的碰撞风险时，会发出警报或自动引发制动，帮助驾驶员采取避免碰撞的措施（见图 7-3-2）。

图 7-3-2　前方碰撞预警系统

三、盲点监测

车载视觉系统可以利用摄像头或传感器，监测车辆的盲点区域，提供盲点监测功能。当有其他车辆或物体进入盲点区域时，系统会发出警报，提醒驾驶员注意，并避免变道或倒车造成的危险（见图 7-3-3）。

图 7-3-3　盲点监测系统

四、泊车辅助

泊车辅助系统通过安装在车身上的摄像头、超声波传感器，以及红外传感器，探测停车位置，绘制停车地图。自动泊车是很多新手司机最爱的功能之一。汽车缓缓驶过库位时，汽车侧方的超声波雷达可以探测到侧方是否存在一个空闲的空间，使得汽车能够泊入其中（见图 7-3-4）。

图 7-3-4　泊车辅助系统

五、全景环视

车载视觉系统可以通过多个广角摄像头，提供车辆周围的全景视图，称为全景环视系统。这种系统可以帮助驾驶员更好地了解周围环境，减少盲区，提高驾驶安全性（见图 7-3-5）。

图 7-3-5　全景环视系统

六、疲劳驾驶监测

车载视觉系统可以通过分析驾驶员的眼睛和脸部表情，判断驾驶员的疲劳程度和注意力水平，提供疲劳驾驶监测功能。当系统检测到驾驶员存在疲劳驾驶的迹象时，会发出警报，提醒驾驶员休息（见图 7-3-6）。

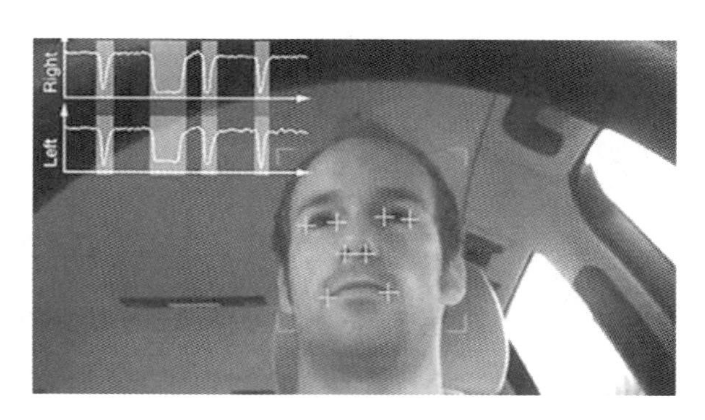

图 7-3-6　疲劳驾驶监测系统

车载视觉系统的应用可以提高驾驶安全性和舒适性，并且有望进一步推动自动驾驶技术的发展。随着计算机视觉和人工智能技术的不断进步，未来车载视觉系统在车辆智能化和交通安全领域将有更广泛的应用。

第八章　计算机视觉在 AI 云平台及移动端的应用

计算机视觉在 AI 云平台和移动端的应用具有广泛的潜力和重要性。本章为计算机视觉在 AI 云平台及移动端的应用，主要介绍了三个方面的内容，依次是 AI 云开发简介、云开发平台、云端机器学习应用。

第一节　AI 云开发简介

云开发是云端一体化的后端云服务，采用 Serverless 架构，提供云原生一体化开发环境和工具平台，为开发者提供高可用、自动弹性扩缩的后端云服务，帮助开发者统一构建和管理后端服务和云资源，避免了开发者应用开发过程中繁琐的服务器搭建及运维，使开发者可以专注于业务逻辑的实现，无需购买数据库、存储等基础设施服务，无需搭建服务器即可使用，降低了开发门槛，提高了效率。

一、AI 云开发服务

云开发从下至上，通常分为云开发基础服务、云开发通用服务、云开发平台服务，即基础设施→通用服务→平台相关的应用服务。一般把与主机、存储、网络、数据库和安全相关的计算服务统称为云开发基础服务（见图 8-1-1）。

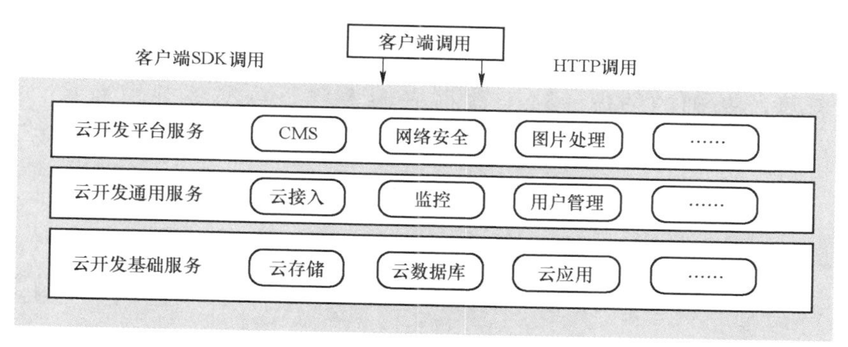

图 8-1-1　AI 云开发服务

二、AI 开发模式

在 AI 开发中，人们通常需要从任务的情况和成本因素考虑，需要考虑以下问题。

（1）模型训练问题：自己训练自己的模型还是使用别人训练完的模型？

（2）在哪里训练：在自己的计算机还是服务器或者是在云平台训练？

（3）在哪里预测推理：在本地设备上进行预测推理（离线状态下）还是在云平台上进行预测推理？

那么如何训练自己的模型？如何利用自己的数据训练自己的模型？在哪里训练和如何训练取决于模型的复杂性和收集到的训练数据的数量。

早期人们通常采用以下三种方式。

（1）个人 PC 训练：适用于小型模型，可以在个人计算机或一台备用计算机上训练这个模型。

（2）服务器机器训练：适用于大型模型，如具有多个 GPU 的服务器机器，能完成高性能计算机集群处理的任务等。

（3）云中租用 GPU：考虑成本因素，使用租用的方式来训练深度学习系统。

上述三种方式只适用于数据来源单一、数据集规模相对不大、机器学习算法基础的情况，对于数据来源多样、数据集规模海量、模型复杂的算法，需要通过后续讲述的第四种方式，即云端平台来训练完成。

归纳上述情况，AI 开发模式可以分为基于云开发平台的 API 调用模式、基于本地设备的训练预测推理模式、基于云端的训练预测推理模式。

（一）基于云开发平台的 API 调用模式

基于云开发平台的 API 调用，根据云开发平台的不同、调用设备的不同，其实现方法有多种，但其后续的工作原理基本类似，本节重点对它们在移动端设备的应用进行讲解，即移动应用程序仅需向所需的网络服务发送一个 HTTPS 请求以及提供预测所需的数据。例如，用设备的相机拍摄照片，那么在几秒之内，设备就能接收到预测结果。一般情况下，开发者需要依据不同的请求，支付不同的费用（或者使用免费的），移动端开发者唯一需要做的是使用软件开发工具包（SDK）集成服务，在应用程序内部连接服务的 API 接口。而服务供应商会在后台使用他们的数据对模型进行重复训练，使得模型保持最新，但移动端应用开发者并不需要了解机器学习的具体训练过程，在云平台中采用托管机器学习的方式即可完成学习训练过程（见图 8-1-2）。

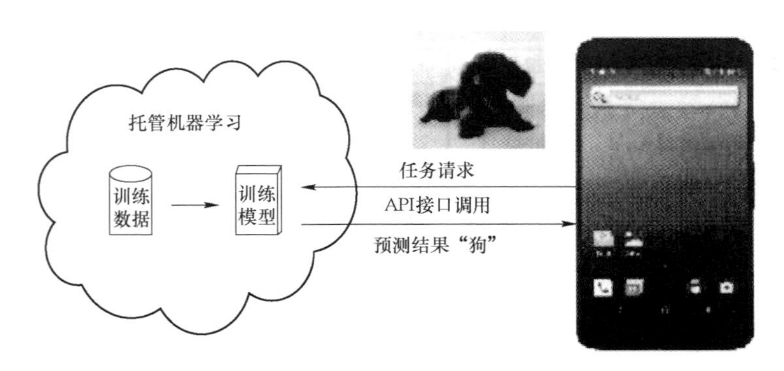

图 8-1-2　基于云开发平台的 API 调用模式

从中不难看出，使用这种“一站式”机器学习图像识别的优势有：易上手（通常有免费的）；不用自己提供运行服务器或训练模型。

其存在的缺点有以下几个方面。

（1）推理无法在本地设备上完成，所有推理都需向服务商的服务器发送网络请求，即需要网络支持，请求推理和获得结果之间存在（短暂的）延迟，而且如果用户没有网络连接，应用程序将完全不能工作。

（2）需要为每个预测请求付费。

（3）无法使用自己数据训练模型，即模型只适用于处理常见的数据，如图片、视频和语音。如果是具有唯一性或特殊性的数据，那么模型效果不一定好。

（4）只提供和允许有限种类的训练。

（二）基于本地设备的训练预测推理模式

基于本地设备的训练预测推理模式根据使用设备的不同，通常使用一台 PC 或多台 PC，或者使用本地服务器进行训练。其基本原理是：在本地设备完成模型训练后，把模型得出的参数加载到应用程序中，应用程序在本地设备的 CPU 或 GPU 上运行所有的推理计算（见图 8-1-3）。

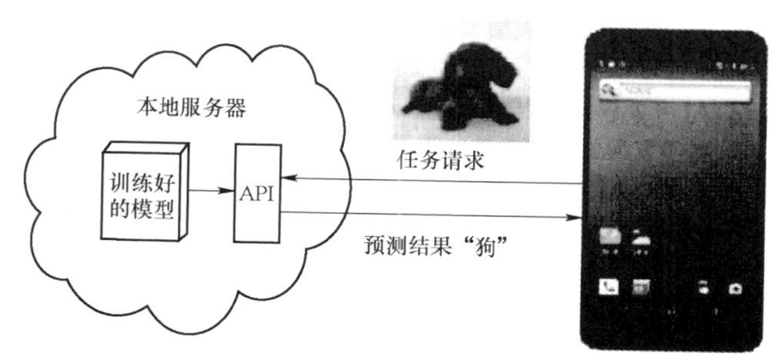

图 8-1-3 基于本地设备的训练预测推理模式

这种模式的优点有以下三个方面。

（1）如何训练和训练什么，都可自由决定。

（2）训练模型归自己所有，可以随时更新模型，能以任何合适的方式进行部署，既可在自有设备上离线部署，又可在云服务平台上部署。即使没有网络连接，用户也可以轻松使用应用程序的功能。

（3）速度快，不需要发送网络请求到服务器进行推理，在本地设备做推理更快捷也更可靠。不需要维护服务器，无需额外支付租用计算机或云存储的费用。由于不需要搭建服务器，就不会遇到服务器过载的情况，即使应用程序被更多用户下载，也完全不需要扩展任何设备。但其缺点也比较明显，需要提供训练模型所需的所有资源，包括硬件、软件、电力等。此外，无法处理海量数据、无法不断扩大规模、无法适应大型模型需要更多资源来训练使用的情况。

（三）基于云端的训练预测推理模式

基于云端的训练预测推理模式通常可以使用云计算和托管学习两种方式。云计算方式的基本原理是通过云计算中心访问数据中心，获取训练数据，然后在云计算中心运行、训练模型；完成训练后，从云计算中心下载模型训练结果的参数，并删除计算实例；最后，把训练好的模型部署到移动端设备或其他需要部署的地方（图 8-1-4）。

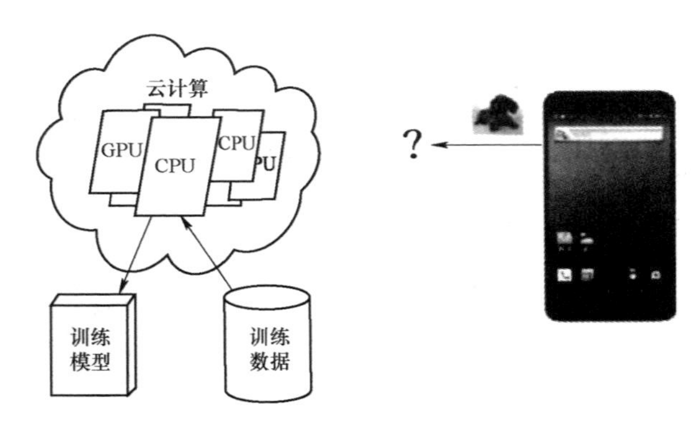

图 8-1-4　基于云端的训练预测推理模式

云计算方式的优点主要有以下三个方面。

（1）比较灵活，只需提供计算实例。

（2）训练一次完成，且训练时间短，可以训练任意类型的模型，并自由选择训练包。

（3）模型下载部署方便，训练完成后，即可下载训练好的模型，然后根据需要部署它。此种方法的缺点是，需要将训练数据上传到云计算平台，训练模型需要单独完成。如果不熟悉或无训练经验，那么会比较困难。

托管学习方式的基本原理是只需上传数据，在云端选择需要使用的模型型号，让云端机器学习服务完成“一站式”接管训练和管理。托管学习方式与云计算方式相比，优势是只需上传数据，不需要自己训练模型，容易集成服务到应用程序。但其需要使用第三方的服务，不能离线在移动设备上进行推理预测；此外，可供选择的模型数量有限，灵活性较低。

三、AI云开发应用领域

随着人们对AI应用需求的加深，使用AI开发工具（如Jupyter Notebook、Visual StudioCode）和开源框架（如TensorFlow、PyTorch、Scikit—learn等）开发视觉、语音、语言和决策AI模型，训练和部署机器学习模型，构建和大规模部署AI系统，共享计算资源，访问由数千个先进GPU组成的超群集的大规模基础结构，成为当前AI云开发应用的重要手段，也使得用户通过简单的API调用访问高质量的视觉、语音、语言和决策AI模型成为现实。此处重点讨论的是基于公有云的云开发平台服务在计算机视觉图像识别方面的应用。

从开源硬件到高性能智能硬件，从云侧人工智能到端侧人工智能，从技术到商业场景（如自动驾驶、智慧物流、智能家居、智慧零售等），各大云平台逐渐向人工智能应用靠拢，开发了如人脸识别、人脸分析、人体分析、文字识别、语音识别、EasyDL、DuerOS等接口，以减少应用开发的难度，提升开发效率，做到应用场景的快速落地。

云开发平台的应用领域如下。

1. 互联网娱乐行业

实时检测人脸表情及动作，通过真人驱动，使卡通形象跟随人脸做出灵活生动的表情，增强互动效果的同时保护用户的隐私，可用于直播、短视频、拍摄美化、社交等场景。

2. 手机行业

通过人脸实时驱动卡通形象进行录制拍摄，增强手机的娱乐性及互动性，提升用户体验，适用于相机、短信、通话、输入法等场景。

3. 在线教育行业

老师和学生可实时驱动虚拟形象进行沟通交流，优化师生之间互动的效果，使教学更加生动有趣，打造创新型教学体验，促进教学风格多元化。

第二节　云开发平台

当前市场上成熟的AI云开发平台有许多，国内的主要有百度智能云开发、阿里云AI开发、腾讯云开发、科大讯飞云开发、海康威视等，国外的主要有Amazon AI、Google云开发、Azure AI等。

下面就以百度云开发平台、阿里云开发平台、Face+云开发平台、科大讯飞云开发平台为例，讲解它们在图像识别方面的应用。最为典型的应用是人脸识别，人脸识别的关键技术有关键点定位、人脸检测、面部追踪、表情属性、活体检测、人脸识别、3D重建等。

影响人脸识别效果的因素可从外在和内在两个方面来分：外在因素主要有光线、分辨率、摄像头设备等；内在因素主要有附件与遮挡、姿态角度、纹理变换等。

一、百度云开发平台

百度云开发平台主要有云＋AI、应用平台等类别，云＋AI 包含了百度智能云、百度 AI 开发平台、Apollo 自动驾驶、飞桨 PaddlePaddle、Carlife＋开放平台、EasyEdge 端与边缘 AI 服务平台等，应用平台包含百度地图开放平台、AR 开放平台、智能小程序、百度翻译开放平台等，其链接地址为 https://ai.baidu.com/。

人脸识别包括活体检测、人脸质量检测、OCR 身份证识别等。

活体检测中认证核验可通过以下方式完成。

（1）确保为真人：通过离线、在线双重活体检测，确保操作者为真人，可有效抵御彩打照片、视频、3D 建模等的攻击。用户无需提交任何资料，高效方便。

（2）确保为本人：基于真人的基础，将真人人脸图片与公民身份信息库的人脸小图比对，确保操作者身份的真实性，避免身份证或人脸图像伪造等欺诈风险。

如图 8-2-1 所示，根据第三步中的两张图片的人脸比对得分，进行最终业务的核身结果判断，阈值可根据领域业务需要进行调整。

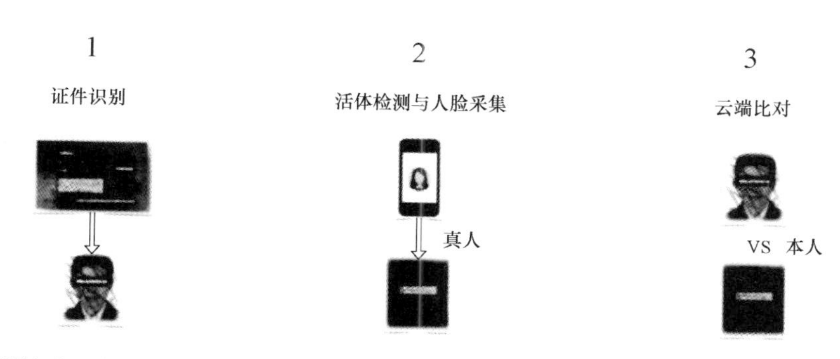

图 8-2-1　认证核验过程

本部分以人脸识别中的第一步为例，介绍如何使用百度智能云平台进行人脸识别开发应用。

（1）首先完成注册，注册成功后，登录进入管理控制台，选择服务，单击左侧菜单栏的“产品服务”→“人工智能”→“人脸识别”。

（2）单击“人脸识别”下的应用列表，选择创建应用。

（3）把标有星号的必填项都选上，单击“立即创建”即可。注意，因为选择了人脸识别服务，所以在接口选择中，百度默认将人脸识别的所有接口都自动勾选上了。

（4）创建完成后，应用列表会出现一个名为 Android Test 的应用，单击“管理”查看应用详情，应用详情内包括了 AppID、AK、SK，这些参数会在后续程序中使用。

（5）选择已经封装好的 SDK 库，选择 Java，单击“下载”。

（6）下载后，压缩包内存放了四个 jar 包。

（7）选择使用说明，切换成“人脸识别”→“API 文档”→“人脸检测”。

（8）新建例程，然后打开 Face Detect Empty 程序，将 jar 包复制到 Libs 目录下，并添加依赖。

```
dependencies{
  ...
    implementation files('libs/aip-java-sdk-4.11.1.jar')
    implementation files('libs/slf4j-api-1.7.25.jar')
    implementation files('libs/slf4j-simple-1.7.25.jar')
    implementation files('libs/gson-2.8.5.jar')
}
```

（9）调用数据，向 API 服务地址使用 POST 发送请求，必须在 URL 中带上参数“access.token”，获取 access_token。

```
package com.baidu.ai.aip.auth;
import org.json.JSONObject;
```

```
import java.io.BufferedReader;
import java.io.InputStreamReader;
import java.net.HttpURLConnection;
import java.net.URL;
import java,util.List;import java.util.Map;
/**
  *获取 token 类
  */
public class AuthService{

    /**
      *获取权限 token*@return 返回示例:
      *{
      *"access_token":24.460da4889caad24cccdb1fea17221975.
      2592000.1491995545.282335-1234567,"expires_in":
      2592000
      *}
      */
    public static String getAuth(){
        //官网获取的 API Key 更新为用户注册的 String clientId=
          "百度云应用的 AK" ;
        //官网获取的Secret Key更新为用户注册的String clientSecret=
          "百度云应用的 SK" ;
        return getAuth(clientId, clientSecret);
}
```

```
*获取 API 访问 token
 *该 token 有一定的有效期,需要自行管理,当失效时需重新获取*@param
 ak—百度云官网获取的 API Key
 *@param sk—百度云官网获取的 Securet Key@return assess_token
 示例:
 *"24.460da4889caad24ccedblfea17221975.2592000.1491995545
 .282335-1234567"
 */
public static String getAuth(String ak, String sk)(
    //获取 token 地址
    String
    authHost="https://aip.baidubce.com/oauth/2.0/token?";
    String getAccessTokenUrl = authHost
       //1.grant_type 为固定参数+"grant_type=client_credentials"
       //2.官网获取的 API Key+"&client_id="+ ak
       //3.官网获取的 Secret Key+"sclient_secret"=+ sk;
   try {
      URL realUrl = new URL(getAccessTokenUrl);
      //打开和 URL 之间的连接
      HttpURLConnection connection =(HttpURLConnection)realUrl.
      openConnection();
      connection.setRequestMethod("GET");
      connection.connect();
      //获取所有响应头字段
      Map<String,List<String>>map=connection.getHeaderFields();
```

```
        //遍历所有响应头字段
        for(String key:map.keySet()){
          System.err.println(key+"--->"+map.get(key));
        }
        //定义 BufferedReader 输入流来读取 URL 的响应
        BufferedReader in=new BufferedReader(new InputStreamReader
        (connection.getInputStream()));
        String result="";
        String line;
        while((line=in.readLine())!= null){
          result+=line;
        }
        /x*
        *返回结果示例
        */
        System.err.println("result:"+ result);
        JSONObject jsonObject = new JSONObject(result);
        String access_token=jsonobject.getString("access_token");
        return access_token;
    }catch(Exception e){
      System.err.printf("获取 token 失败!");
      e.printStackTrace(System.err);
    }
    return null;
  }
}
```

（10）在对应的字段内填写上自己申请的 AK（appKey）和 SK（secretKey）。

```
public static String getAuth(){
    //官网获取的 API Key 更新为你注册的 String clientId=“百度云
      应用的 AK”；
    //官网获取的 Secret Key 更新为你注册的 String clientSecret=
      “百度云应用的 SK”；
   return getAuth(clientId, clientSecret);
}
new Thread(new Runnable(){
        @Override
        public void run(){
          ASSESS_TOKEN = AuthService.getAuth();
          runOnUiThread(new Runnable(){
            @Override
            public void run(){
              tv1.setText(ASSESS_TOKEN);
            }
          });
          Log.e("TAG","on Click:"+ ASSESS_TOKEN);
        }
    }.start();
```

（11）获取 access_token 之后，完成人脸检测 detect()方法。

```
package com.baidu.ai,aip;
import com.baidu.ai.aip.utils.HttpUtil;
import com.baidu.ai.aip.utils.GsonUtils;import java.util.*;
```

```
/**
*人脸检测与属性分析
*/
public class FaceDetect {
*#
*重要提示代码中所需工具类
* FileUtil,Base64Util,HttpUtil,GsonUtils请从
* https://ai.baidu.com/file/65BA35ABAB2D404FBF903F64D47C1F72
* https://ai.baidu.com/file/C8D81F3301E24D2892968F09AE1AD6E2
* https://ai.baidu.com/file/544D677F5D4E4F17B4122FBD60DB82B3
* https://ai.baidu.com/file/470B3ACCA3FE43788B5A963BF0B625F3
*下载
*/
public static String face Detect(){
  //请求 url
  String url="https://aip.baidubce.com/rest/2.0/face/v3/
  detect";
  try{
    Map<String,Object>map = new Hash Map<>();
    map.put("image","027d8308a2ec665acblbdf63e513bcb9");
    map.put("face_field","face shape,face type");
    map.put("image_type","FACE_TOKEN");
    String param = GsonUtils.toJson(map);
    //注意这里仅为了简化编码每一次请求都去获取 access_token，线上
环境 access_token 有期限，客户端可自行缓存，过期后重新获取。
```

```
        String access Token =“[调用鉴权接口获取的 token]”;
        String result = HttpUtil.post(url,access Token,"
        application/json",param);
        System.out.println(result);
        return result;
    }catch(Exception e){
      e.print Stack Trace();
    }
    return null;
  }
  public static void main(String[] args){
  Face Detect.face Detect();
  }
}
```

（12）获取发送的图片、修改请求参数、添加 access Token、解析接收到的 Json 数据。把发送的图片放在 assets 路径下，通过 get Assets(), open（file Name）方法可获取输入流。

```
Buffered Input Stream bis = new Buffered Input Stream (get
Resources().get Assets(),open(file Name));
```

多图的识别的方式如下：

```
private String[]ingSrc=new String[]{“刘德华。jpg”,“吴奇隆。jpg”,
“吴彦祖。jpg”,“张柏芝。jpg”,“彭于晏。jpg”,“林志玲。jpg”,“葛优。
jpg”,“邓丽君。jpg”);
private int current Index = 0;
@Override
protected void on Create(Bundle saved In stance State){
```

```
        ...
        button2.set On Click Listener(new View.On Click Liste
        ner(){
          @Override
          public void on Click(View v){
            button2.set Text("识别("+ img Src[current Index]+")");
            new Thread(new Runnable(){
              @Override
              public void run(){
                Face merge(img Src[current Index]);
                Current Index++;
                if(current Index==img Src.length)
                  Current Index=0;
              }
            }).start();
          }
        });
    }
```

图片是以 Base64 字符串的形式上传的，观察 Base64Util 可发现 encode（byte[]from）方法需要放入 byte[]数组，而目前只有输入流，那么需要通过 Byte Array Out put Stream 的 to Byte Array()转化成 byte[]数组。

```
    Byte Array Out put Stream bos=new Byte Array Out put Stream
(bis.available());
      try {
        int bufSize=1024;
        byte[] buffer=new byte[bufSize];
        int len;
```

```
            while(-1!=(len=bis.read(buffer,0,bufSize))){
                bos.write(buffer,0,len);
            }
            byte[] var7=bos.to Byte Array();
            return var7;
        }finally {
            bos.close();
        }
```

根据文档中的请求参数，加入颜值、年龄、表情的分析，获取人脸属性值。

（13）将 face field 对应的值设置为如下

map.put("face field", "face shape，beauty，face type，age，emotion");

接着，修改 ASSESSTOKEN 值并解析 JSON 数据。

（14）运行程序，单击“识别图片”。

二、阿里云开发平台

阿里云开发平台是支撑阿里“新零售，新制造，新金融，新技术，新能源”的基础设施，其计算操作系统“飞天”，是一个大规模分布式计算系统，包括飞天内核和飞天开放服务，以在线公共服务的方式提供计算能力。

阿里云开发平台中的云原生 AI 支持主流框架（如 PyTorch、Keras、Caffe、MXNet 等）和多种环境，屏蔽底层差异并承担非算法相关工作，利用阿里云容器服务（ACK）全面支持 GPU 和 CPU 异构资源集群统一管理和调度，支持机器学习计算从数据预处理、开发、训练、预测到运维等的全生命周期（见图 8-2-2）。

下面以 OCR 图像识别为例，介绍如何使用阿里云平台进行开发应用。

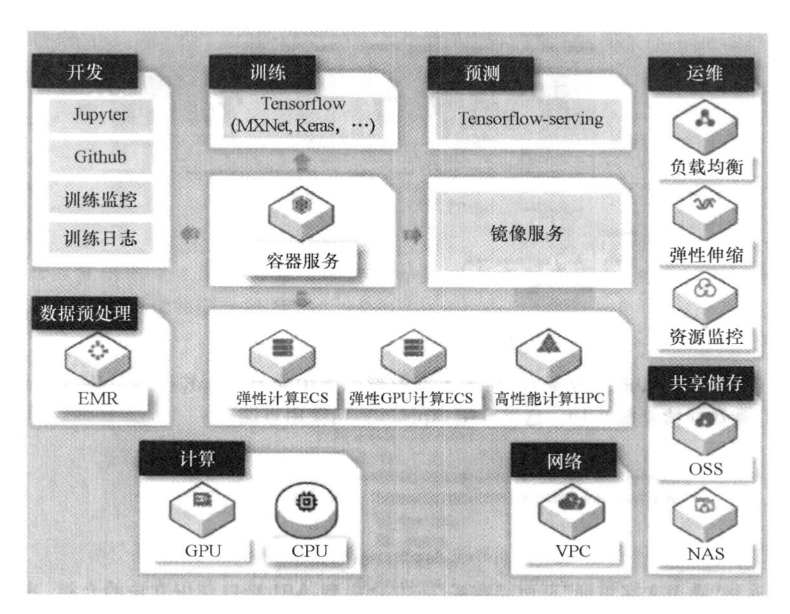

图 8-2-2　机器学习全生命周期

（1）通过 account.aliyun.com 进入阿里云平台，推荐使用支付宝账号登录，因为云平台的大部分项目都需要实名认证。进入平台后，搜索“通用文字识别一高精版 OCR 文字识别”（见图 8-2-3）。

图 8-2-3　搜索结果

（2）选择标签“阿里云官方行业文档类识别”进入后选择 0.01 元单击“购买”（见图 8-2-4）。

图 8-2-4　通用文字识别详情页面

（3）购买成功后，进入控制台，在云市场的列表当中会有 AppKey、AppSecret、AppCode 三个接口，参数详情如图 8-2-5 所示。这里介绍 AppCode 的使用方法（见图 8-2-5）。

【文字识别高精版】- 全文识别高精版/OCR文字识别/OCR识别/图片识别文字/字体识别　API
设置备注
付费方式：套餐包
创建时间：2023-08-22　阿里云计算有限公司
AppKey：204359986　AppSecret：vnCVF0cSSGiUUIG8tPsWFQBM8BsUFXS4　复制
AppCode：28423e8108304736985e5ba051e65218　复制

图 8-2-5　AppKey、AppSecret、AppCode 参数详情

（4）返回“通用文字识别”页面，“购买”下方会出现 API 接口调用方法的介绍，并有 curl/Java/C#/PHP/Python/Object—C 不同语言的参考代码（见图 8-2-6）。

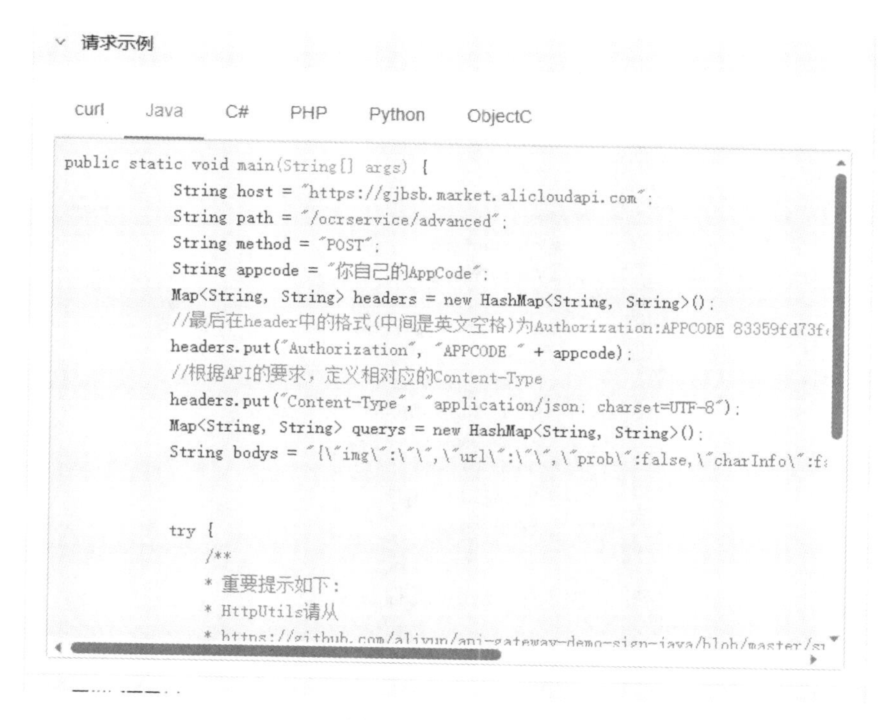

图 8-2-6　代码示例详情

（5）因 Java 和 Android 的添加依赖方式不同，图 8-2-6 中添加依赖的链接不适用于 Java，需要重写 HTTP 请求。这里采用 OkHttp3 框架编写网络请求，所以在创建工程后，需要在 build.gradle 中添加 OkHttp3 和 gson 依赖，代码如下。

```
dependencies {
    implementation file Tree(dir:'libs',include:['*.jar'])
    Implementation'androidx.appcompat:appcompat:1.0.2'
    Implementation'androidx.constraintlayout:constraintlayout:
    1.1.3'
```

```
    implementation'com.google.code.gson:gson:2.8.0'
    //联网
    implementation'com.squareup.okhttp3;okhttp:3.10.0'
}
```

（6）然后复制百度云平台的 utils 工具包至工程中，同样把测试图片放在 assets 目录下，整体目录如图 8-2-7 所示。

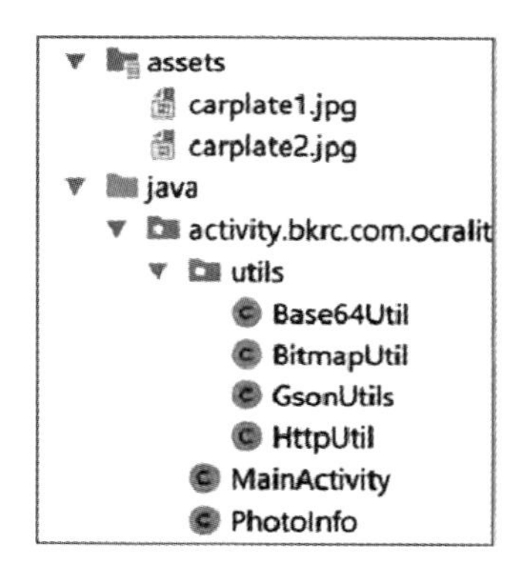

图 8-2-7　Android 工程目录

（7）根据 Java 部分的请求示例提示编写 POST 请求完整的 MainActivity 代码如下。

```
public class MainActivity extends AppCompatActivity{

    private ImageView img1;
    private TextView tv2;
    private Button btn2;
    @Override
    protected void onCreate(Bundle savedInstanceState){
        super.onCreate(savedInstanceState);
        setContentView(R.layout.activity_main);
        img1=(ImageView)findViewById(R.id.img1);
```

```
            tv2=(TextView)findViewById(R.id.tv2);
            btn2=(Button)findViewById(R.id.btn2);
            btn2.setOnClickListener(new View.OnClickListener(){
                @Override
                public void onClick(View view){
                    post("carplate2.jpg");
                }
            });
        }
        private static OkHttpClient okHttpClient=new OkHttpClient();
        private static MediaType mediaType=MediaType.parse
("application/json");

        public void post(String fileName){
            try{
                MediaType JSON=MediaType.parse("application/
json;charset=utf-8");
                //获取图片
                BufferedInputStream bis=new BufferedInputStream
(getResources().getAssets()open(fileName));
                //I/O流转字节流
                byte[]data=readInputStreamByBytes(bis);
                imgl.setImageBitmap(BitmapFactory.decodeByte
Array(data,0,data.length));
                PhotoInfo pi=new PhotoInfo();
                pi.setImg(Base64Util.encode(data));
                RequestBody body=RequestBody.create(JSON,new
```

```
Gson().toJson(pi));
                Request request=new Request.Builder()
                        .url("https://ocrapi-advanced.taobao
.com/ocrservice/advanced")
                        .post(RequestBody.create(mediaType,""))
                        .addHeader("Authorization","APPCODE"+
"abcdadf5d25547f198e64b691cd5boB1")
                        .addieader("Content-Type"."application/
json;charset=UTF-8")
                        .post(body)
                        .build();

        okHttpClient.newCall(request).enqueue(new Callback(){
            @Override
            public void onFailure(Call call,IOException e){
                e.printStackTrace();
            }

            @override
            public void onResponse(Call call,Response response)
throws IOException{
                final String msg=response.body().string();
                Log.e("TAG","onResponse:" + msg);
                runOnUiThread(new Runnable(){
                    @Override
                    public void run(){
                        tv2.setText(msg);
                    }
```

```
                    });
                }
            });
        }catch(Exception e){
            e.printStackTrace();
        }
    }

    public static byte[] readInputStreamByBytes(BufferedInputStream
bis)throws IOException{

        ByteArrayOutputStream bos=new ByteArrayOutputStream
(bis.available());
        try{
            int bufSize=1024;
            byte[] buffer=new byte[bufSize];
            int len;
            while(-1 !=(len=bis.read(buffer,0,bufSize)))(
                bos.write(buffer,0,len);
            }
            byte[] var7=bos.toByteArray();
            return var7;
        }finaly{
            bos.close();
        }
    }
}
```

（8）上述代码是 OCR 图像识别的默认版本，只传经 Base64 转化后的图像，还有其他可选参数可以设置（具体可参考相关文档）。

三、Face++云开发平台

Face++是旷视科技开发的人工智能开发平台，主要提供计算机视觉领域中的人脸识别、人像处理、人体识别、文字识别、图像识别等 AI 开发支持，同时提供云端 RESTAPI 以及本地 API（涵盖 Android、iOS、Linux、Windows、Mac OS），并且提供定制化及企业级视觉服务，其自称为云端视觉服务平台。它有联网授权与离线授权两种 SDK 授权模式。

下面简单介绍使用 Face+云开发平台进行人脸检测的过程。

（1）在采用联网授权模式前，需要首先创建 API Key（API 密钥），它是使用 SDK 的凭证。进入控制台，单击“创建我的第一个应用”，一个免费的 API Key 将会自动生成（见图 8-2-8、图 8-2-9）。

图 8-2-8　创建 API Key

应用名称	API Key	API Secret	类型	状态	操作
FaceDetectTest	EfCU-QS6EuR0_NqV_wmz4vD-qb-5KFQl	******** 显示	试用	启用	[illegible]

图 8-2-9　创建生成的 API Key

（2）Bundle ID 是 App 的唯一标识，如果需要在 App 内集成 SDK，首先需要绑定 Bundle ID（包名）。每开发一个新应用，都需要先创建一个 Bundle ID.Bundle ID 分为两种。

① Explicit App ID 的一般格式为 com，company.app Name。这种 ID 只能用在一个 App 上，每一个新应用都要创建并只有一个。

② Wildcard App ID 的一般格式为 com.domain name.*。这种 ID 可以用在多个应用上，虽然方便，但是使用这种 ID 的应用不能使用通知功能，所以不常用。

在安卓系统中，Bundle ID 是 Package Name，是 Android 系统中判断一个 App 的唯一标识；而在 iOS 中是 Bundle ID。

进入控制台→应用管理，点击“Bundle ID”，进行绑定。

（3）进入控制台→联网授权 SDK→资源中心，勾选需要的 SDK 产品及相应平台，进行下载，本部分以人脸检测—基础版 SDK 为例进行简单讲解。

下载完成后，在运行 Demo 工程前，按照 Demo 工程的工程名，将其填入应用名称中，创建新的 API Key，创建完后单击“查看”（见图 8-2-10）。

图 8-2-10 人脸检测—基础版 SDK

然后，点击“Bundle ID”，把包的名称填入 Bundle ID（见图 8-2-11）。

图 8-2-11　创建 Bundle ID

（4）在 Android Studio 中导入 Demo 工程，把 model 文件中的 megvifacepp_model 文件拷贝到工程的 src→main→assets 目录下，然后修改 utils 文件下的 Util 文件，把上述申请的 API_KEY 和 API_SECRET 填入如下代码中。

```
public class Util{
//在此处填写 API_KEY 和 API_SECRET
public static String API_KEY="-lLeU-VgZoY-ZHZXqWJRhQJWkGAvY**";
public static String API_SECRET="xBOycbPueUDOvUNsC7xdZy4K86s6D**";
}
```

（5）接着，在 Selected Activity.java 中修改代码。

注意：默认测试 key duration 填写 1，正式的 key 根据购买时间填写。

（6）连接手机设备，部署运行 Demo 工程，运行后，单击“人脸检测”，会出现“实时浏览”和“图片导入”按钮，单击“图片导入”按钮，导入图片，进行检测。

注意：如果创建自己的工程完成人脸检测，创建API Key和Bundle ID步骤同上一样，但需要把Demo工程libs文件下的licensemanager.aar和sdk.aar拷贝到自己的app→libs文件下，同时需要在Project的build.gradle中增加配置，修改添加如下。

```
...
  repositories{
      flatDir {dirs 'libs'
  }
  dependencies{
      ...
      implementation(name:'licensemanager',ext:'aar')
      implementation(name:'sdk',ext:'aar')
  }
```

调用流程中需要使用以下方法获取网络授权

```
        private void network(){
                long ability=FaceppApi.getInstance().
getModelAbility(ConUtil.readAssetsData(SelectedActivity.this,
"megviifacepp_model"));
                FacePPMultiAuthManager authManager=new FacePPMulti
AuthManager(ability);
                final LicenseManager licenseManager=new License
Manager(this);
    licenseManager.registerLicenseManager(authManager);
    String uuid=Util.getUUIDString(this);

    rlLoadingView.setVisibility(View.VISIBLE);
    licenseManager,takeLicenseFromNetwork(Util.CN_LICENSE_URL,
```

```
uuid,Util.API_KEY,Util.API_SECRET,"1",new LicenseManager.Take
LicenseCallback(){
                @Override
                public void onSuccess(){
                    Log.e("access123","success");
                    loadModel();
                }
                @Override
                public void onFailed(int i,byte[] bytes){
                    rlLoadingView.setVisibility(View.GONE);
                    String msg="";
                    if(bytes !=null && bytes.length> 0){
                        msg=new String(bytes);
                        Log.e("access123","failed:" + msg);
                        Tbast.makeText(SelectedActivity.this,
msg,Tbast.LENGTH_SHORT).show();
                    }
                    setResult(101);
                    finish();
                  }
              });
    }
```

四、科大讯飞云开发平台

科大讯飞的云开发平台叫“讯飞开放平台”，它在语音识别、语音合成、机器理解、卡证票据文字识别、人脸识别、图像识别、机器翻译等领域都有典型应用。在图像识别方面主要有场景识别、物体识别、场所识别等，人脸识别主要包含了人脸验证与搜索、人脸比对、人脸水印照

比对、静默活体检测、人脸分析等。

下面以运行官方 Demo 为例，了解讯飞开放平台的使用流程。

（1）单击链接：https://www.xfyun.cn/，进入官网后注册账号登录控制台。注册完成后，可选择完成个人实名认证。

（2）在实名后，在“我的应用”中单击“创建应用”，填写应用名称、选择应用分类、填写应用功能描述（见图 8-2-12）。

图 8-2-12　创建应用

创建完应用后，单击生成的应用名称，可在右上侧看到 APPID、API Secret、API Key 的信息（见图 8-2-13）。

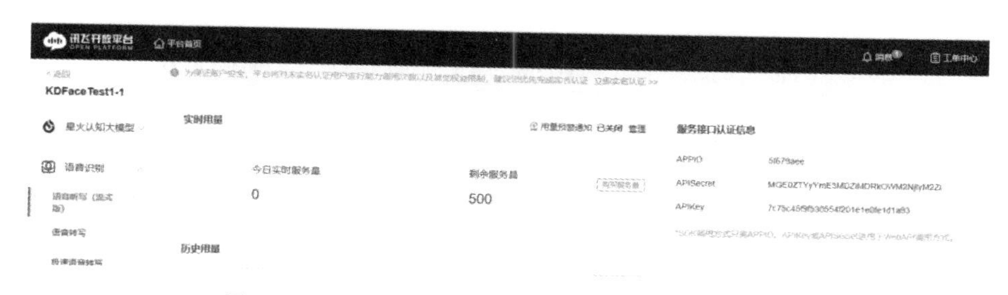

图 8-2-13　APPID、API Secret、API Key 信息

（3）下载完与“人脸验证与搜索”对应的 SDK 后，将 Android SDK 压缩包中 libs 目录下所有子文件拷贝至创建工程 KDFaceTest1 的 libs 目录下（见图 8-2-14）。

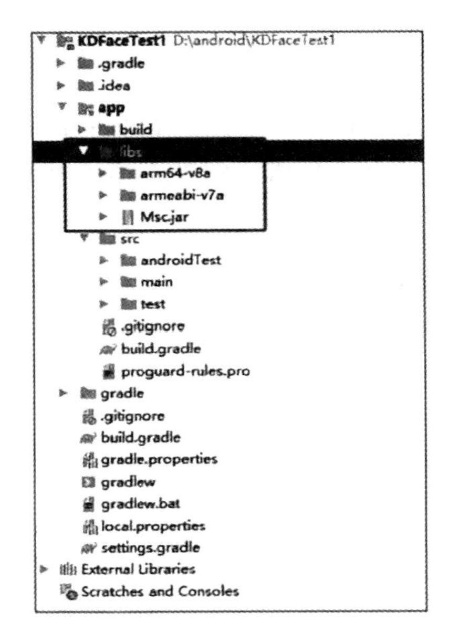

图 8-2-14　导入 SDK

（4）添加用户权限，在工程 Android Manifest.xml 文件中添加如下权限。

```
<! --连接网络权限,用于执行云端语音功能 -->
<uses- permission android:name="android.permission.INTERNET"/>
<!--获取手机录音机使用权限,听写、识别、语义理解需要用到此权限-->
<uses- permission android:name="android.permission.RECORD_
AUDIO"/>
<! --读取网络信息状态 -->
<uses - permission android:name="android.permission.ACCESS_
NETWORK_STATE"/>
<! --获取当前 wifi 状态-->
```

```
<uses - permission android:name="android.permission.ACCESS_
WIFI_STATE"/
<!--允许程序改变网络连接状态-->
<uses - permission android:name="android.permission.CHANGE_
NETWORK_STATE"/>
<!--读取手机信息权限-->
<uses-permission android:name="android.permission.READ_PHONE_
STATE"/>
<! --读取联系人权限,上传联系人需要用到此权限-->
<uses - permission android:name="android.permission.READ_
CONTACTS"/>
<! --外存储写权限,构建语法需要用到此权限-->
<uses - permission android:name="android.permission.WRITE_
EXTERNAL_STORAGE"/>
<! --外存储读权限,构建语法需要用到此权限-->
<uses - permission android:name="android.permission.READ_
EXTERNAL_STORAGE"/>
<!--配置权限,用来记录应用配置信息-->
<uses-permission android; name="android.permission.WRITE_
SETTINGS"/>
<! --手机定位信息,用来为语义等功能提供定位,提供更精准的服务-->
<! --定位信息是敏感信息,可通过 Setting.setLocationEnable(false)
关闭定位请求 -->
<uses-permission  android:name="android.permission. ACCESS_
FINE_LOCATION"/>
<!--如需使用人脸识别,还要添加摄像头权限,拍照需要用到-->
<uses-permission android:name="android.permission.CAMERA"/>
```

注意：如需在打包或者生成 APK 的时候进行混淆，可在 proguard.cfg 中添加如下代码。

```
-keep class com.iflytek.**{*;}
- keepattributes Signature
```

（5）通过初始化来创建语音配置对象，只有初始化后才可以使用 MSC 的各项服务。一般将初始化放在程序入口处（如 Application、Activity 的 on Create 方法），初始化代码如下。

```
//将"12345678"替换成申请的 AppID,申请地址为 http://www.xfyun.cn
//请勿在"="与 appid 之间添加任何空字符或者转义符
SpeechUtility.createUtility(context,SpeechConstant.APPID+
"=12345678");
```

（6）人脸注册，根据 m Enroll Listener 的 on Result 回调方法得到注册结果。

```
//设置会话场景
mIdVerifier.setParameter(SpeechConstant.MFV_SCENES,"ifr");
//设置会话类型
mIdVerifier.setParameter(SpeechConstant.MFV_SST,"verify");
//设置验证模式,单一验证模式为 sin
mIdVerifier.setParameter(SpeechConstant.MEV_VCM,"sin");
//用户 id
mIdverifier.setParameter(SpeechConstant.AUTH_ID,authid);
//注册监听器(IdentityListener)mVerifyListener,开始会话
mIdVerifier.startWorking(mVerifyListener);
//子业务执行参数,若无可以传空字符串
StringBuffer params=new StringBuffer();
//写入数据,mImageData 为图片的二进制数据
```

```
mIdVerifier.writeData("ifr",params.toString(),mImageData,
0,mImageData.length);
//停止写入
mIdVerifier.stopwrite("ifr");
```

（7）删除模型，人脸注册成功后，在语音云端会生成一个对应的模型来存储人脸信息，当前不支持查询“query”操作。

```
//设置会话场景
mIdVerifier.setParameter(SpeechConstant.MFV_SCENES,"ifr");
//用户 id
mIdVerifier.setParameter(SpeechConstant.AUTH_ID,authid);
//设置模型参数,若无可以传空字符串
StringBuffer params=new StringBuffer();
//执行模型操作,cmd 取值为"delete"
mIdVerifier.execute("ifr",cmd,params.toString(),
mModelListener);
```

（8）使用 demo 测试，带 UI 界面接口时，将 assets 下的文件拷贝到项目中，将 sample 文件夹下 speech Demo→src→main→java 中 com.iflytek 包的文件拷贝到工程对应的包下；同时，将 res 文件中的内容拷贝到工程对应的 res 文件夹下。另外，把 src→main 下的 Android Manifest.xml 文件内容拷贝到工程的对应 Android Manifest.xml 文件中。

（9）修改工程的 build.gradle 文件，添加代码如下。

```
android {
  ...
   sourceSets {
       main{
           jniLibs.srcDirs=['libs']
```

```
            }
        }
    }
    dependencies
        ...
        implementation files('libs/Msc.jar')
        inplementation'androidx.legacy:legacy- support-v4:1.0.0
        implenentation'com.google.android.material:material:1.4.0'
    }
```

（10）连接手机设备，部署工程，启动后需要授权访问声音设备和相机处理图片（见图 8-2-15）。

图 8-2-15　授权访问设备

（11）单击“立刻体验人脸识别”，出现人类识别界面（见图 8-2-16）。

（12）输入 App ID，然后选图，选好后单击“确定”（见图 8-2-17）。

图 8-2-16　人脸识别界面

图 8-2-17　裁剪照片

（13）单击“注册”，识别后会返回包含图片识别信息的 JSON 格式字符串，其他后续功能不再一一解释，可部署本书附带代码工程，进行操作测试。相关文档可参考 https://www.xfyun.cn/doc/face/face/Android—SDK.html。

第三节　云端机器学习应用

基于云端的机器学习框架贯穿了机器学习的整个生命周期，从开发、训练、预测到运维等，目前云端学习训练支持单机和多机两种模式。如果是多机模式，那么需要分别指定参数和任务服务器的数量，然后在调度时刻，将生成的参数传递给任务服务器，训练过程中可以根据需要查看训练状况。下面以百度的 EasyDL 为例，介绍 AI 开发平台在图像识别方面的多物体识别应用。

EasyDL 基于 Paddle Paddle 深度学习框架构建而成，内置百亿级大数据训练的成熟预训练模型，如图像分类、物体检测、文本实体抽取、声音/视频分类等，并提供一站式的智能标注、模型训练、服务部署等全流程功能，支持公有云、设备端、私有服务器、软硬一体等灵活的部署方式。

下面以多物体识别为例，介绍使用 EasyDL 平台进行物体检测的基本流程。

一、物体检测及流程

物体检测：在一张图包含多个物体的情况下，能够根据需要个性化地识别出每个物体的位置、数量、名称；同时，还可以识别出图片中有多个主体的场景（见图 8-3-1）。

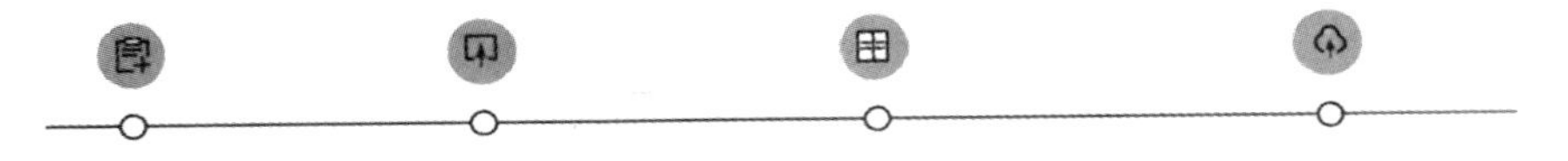

图 8-3-1　基于 EasyDL 平台的训练流程

模型的选择取决于需要解决的实际场景问题，图像分类和物体检测任务的区别如下。

（1）图像分类：识别一张图中是否是某类物体/状态/场景，适合用于图片中主体相对单一的场景。

（2）物体检测：在一张图包含多个物体的情况下，定制识别出每个物体的位置、数量、名称，适合用于图片中有多个主体的场景。

二、创建模型

通过链接 https://ai.baidu.com/easydl/登录控制台，在“创建模型”中填写模型名称、联系方式、功能描述等信息，即可创建模型（见图 8-3-2）。

图 8-3-2 EasyDL 创建模型界面

模型创建成功后，可以在“我的模型”中看到刚刚创建的模型。

三、上传并标注数据

在训练之前需要在数据中心创建数据集。

（一）设计标签

在上传之前确定想要识别哪几种物体，并上传含有这些物体的图片。每个标签对应于想要在图片中检测出的一种物体。注意：标签的上限为 1 000 种。

（二）准备图片

1. 基于设计好的标签准备图片

每种要识别的物体在所有图片中出现的数量需要大于 50，如果某些标签的图片具有相似性，就需要更多的图片。

2. 图片格式要求

目前支持的图片类型为png、jpg、bmp、jpeg，图片大小限制在4MB以内。图片长宽比在3:1以内，其中最长边小于4 096 px，最短边大于30 px。

3. 图片内容要求

训练图片和实际场景中要识别的图片拍摄环境要一致，例如，如果实际要识别的图片是摄像头俯拍的，那训练图片就不能用网上下载的目标正面图片。

每个标签的图片需要尽可能覆盖实际场景的所有情况，如拍照角度、光线明暗等，训练集覆盖的场景越多，模型的泛化能力越强。

（三）上传和标注图片

先在“创建数据集”页面创建数据集，再进入“数据标注/上传”，步骤如下。

（1）选择数据集。

（2）上传已准备好的图片。

（3）在标注区域内进行标注，以“检测图片标志物”为例，首先在标注框上方找到工具栏，单击标注按钮并在图片中拖动画框，圈出要识别的目标（见图8-3-3）。

然后在右侧的标签栏中，增加新标签，或选择已有标签。若需要标注的图片量较大（如超过100张）时，可以启动智能标注来降低标注成本。

图 8-3-3　EasyDL 数据标注界面

四、训练模型

数据提交后，可以在导航中找到“训练模型”，启动模型训练。先选择模型，勾选应用类型，然后选择算法，添加训练数据（见图 8-3-4）。

图 8-3-4　EasyDL 训练模型界面

五、校验模型效果

在训练完成后，可以在“我的模型”列表中看到模型效果，以及详细的模型评估报告。如果单个分类/标签的图片量在 100 张以内，那么数据的参考意义不大。实际效果可以通过左侧导航中找到“校验模型”功能校验，或者发布为接口后测试。模型校验功能示意图如图 8-3-5 所示。

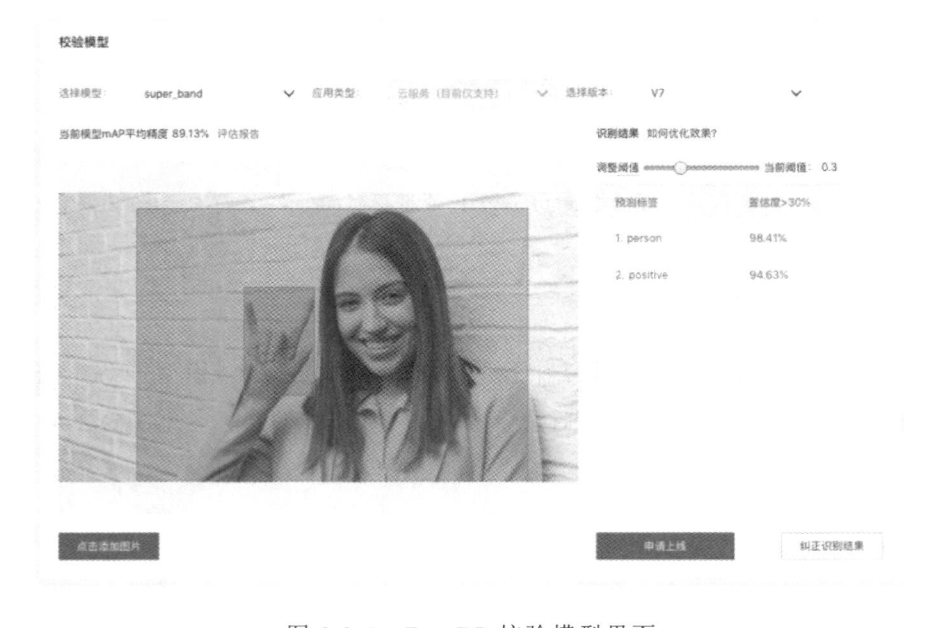

图 8-3-5　EasyDL 校验模型界面

如果对模型效果不满意，可以通过扩充数据、调整标注等方法进行模型迭代。

六、发布模型

训练完毕后就可以在左侧导航栏中找到“发布模型”，自定义接口地

址后缀、服务名称后，即可申请发布。申请发布后，通常的审核周期为 T+1，即当天申请第二天就可以完成审核。在正式使用之前，还需要为接口赋权。需要登录控制台，选择在“EasyDL 控制台”中创建一个应用，获得由一串数字组成的 App ID。同时支持在“EasyDL 控制台—云服务权限管理”中为第三方用户配置权限。发布成功后，即可在训练平台“我的模型”处获得 API 接口。

七、标志物检测

首先找到物体检测的 API 文档，该文档提供了拿到接口后如何去请求的方法。以上便是完成多物体识别的流程介绍，具体功能可参考官方 API 文档。部分关键代码如下。

（1）将文档代码复制到 Landmark Detection Empty.java 中。

```
public void easydlObjectDetection(String fileName){
            //请求 url
            String url="【接口地址】";
            try{
                Map< String,Object> map=new HashMap<>();
                map.put("image","sfasq35sadvsvgwr5q...");
                String param=GsonUtils.toJson(map);
                    //注意这里仅为了简化编码每一次请求都去获取 access_
token,线上环境 access_token 有期限,客户端可自行缓存,过期后重新获取
                    String accessToken="[调用鉴权接口获取的 token]";
                    String result=HttpUtil.post(url,accessToken,
"application/json",param);
                    System.out.printin(result);
```

```
            } catch(Exception e){
                e.printStackTrace();
            }
}
```

（2）将图片转化为 Base64 编码格式。

```
    //获取图片
BufferedInputStream bis=new
BufferedInputStrean(getResources().getAssets().open(fileName));
    //I/O 流转字节流
    byte[] data=readInputStreamByBytes(bis);
Bitmap bmp=BitmapFactory.decodeByteArray(data,0,data.length);
    runOnUiThread(()-> imagel.setImageBitmap(bmp));
    Map<String,Object> map=new HashMap<>();
    String basse64=Base64Util.encode(data);
```

（3）解析 JSON 数据。

```
LandmarkInfo lmi=GsonUtils.fromJson(result,LandmarkInfo.
class);
for(LandmarkInfo.ResuitsBean rb:imi.getResults()){}
```

（4）根据返回位置画出矩形框。

```
Canvas canvas=new Canvas(tempBitmap);
   //图像上画矩形
   Paint paint=new Paint();
   paint.setColor(Color.RED);
   paint.setStyle(Paint.Style.STROKE);//不填充
```

```
paint.setStrokeWidth(10);//线的宽度
canvas.drawRect(rb.getLocation().getLeft(),rb.getLocation().getTop()
,rb.getLocation().getLeft()+rb.getLocation().getwidth(),
rb.getLocation().getTop()+rb.getLocation().getHeight(),paint);
```

（5）运行案例，拍摄标志物之后，识别检测结果。

参考文献

[1] 双锴. 计算机视觉 [M]. 北京：北京邮电大学出版社，2020.
[2] 梁玮，裴明涛. 计算机视觉 [M]. 长沙：湖南科学技术出版社，2020.
[3] 罗杰波，汤晓鸥，徐东. 计算机视觉 [M]. 合肥：中国科学技术大学出版社，2011.
[4] 罗宇华. 计算机视觉 [M]. 北京：人民邮电出版社，1990.
[5] 吴立德. 计算机视觉 [M]. 上海：复旦大学出版社，1993.
[6] 毋建军，姜波. 计算机视觉应用开发 [M]. 北京：北京邮电大学出版社，2022.
[7] 李晖晖，刘航. 深度学习与计算机视觉 [M]. 西安：西北工业大学出版社，2021.
[8] [印] 阿布辛纳夫・达和奇. 计算机视觉入门到实践 [M]. 连晓峰，谭励，等译. 北京：机械工业出版社，2020.
[9] [美] 韦斯利・E. 斯奈德，戚海蓉. 计算机视觉基础 [M]. 张岩，袁汉青，朱佩浪，等译. 北京：机械工业出版社，2020.
[10] [美] 包米克・维迪雅. 基于 GPU 加速的计算机视觉编程 [M]. 顾海燕，译. 北京：机械工业出版社，2020.
[11] 苏洇如，尚泳龙. 基于计算机视觉的垃圾识别分拣系统 [J]. 计算机科学与应用，2023（6）：1321-1332.
[12] 冯世庆. 计算机视觉与腰椎退行性疾病 [J]. 山东大学学报（医学版），2023（3）：1-6.
[13] 张珈睿，吴超. 计算机视觉领域的 Transformer 系列算法 [J]. 信息与电脑（理论版），2023（2）：101-103.

[14] 李翔，张涛. Transformer 在计算机视觉领域的研究综述 [J]. 计算机工程与应用，2023（1）：1-14.
[15] 刘哲. 论计算机视觉技术 [J]. 数字化用户，2019（8）：159.
[16] 吴娟，朱琪. 基于计算机视觉的包装质量检测分析 [J]. 中国新技术新产品，2022（22）：78-80.
[17] 赵先龙. 计算机视觉技术的应用进展 [J]. 商品与质量，2020（28）：7.
[18] 张立坤. 基于计算机视觉的图像处理技术研究[J]. 信息与电脑（理论版），2022（19）：189-191.
[19] 杨静. 基于计算机视觉的测距技术探究 [J]. 北京印刷学院学报，2021（A1）：243-245，251.
[20] 耿艺宁，刘帅师，等. 基于计算机视觉的行人检测技术综述 [J]. 计算机应用，2021（A1）：43-50.
[21] 张雅泽. 基于计算机视觉的结构振动检测研究 [D]. 石家庄：石家庄铁道大学. 2022.
[22] 李翔宇. 基于计算机视觉的行人检测 [D]. 北京：北京邮电大学. 2020.
[23] 尚绛岚. 基于计算机视觉的智能牧场应用研究 [D]. 包头：内蒙古科技大学. 2020.
[24] 杜妍茹. 基于计算机视觉的牛日常行为识别研究 [D]. 包头：内蒙古科技大学. 2022.
[25] 胡晓宇. 基于计算机视觉的毫米波雷达云探测方法研究 [D]. 兰州：兰州大学. 2022.
[26] 孙佳宁. 基于计算机视觉金属波纹管膨胀频次检测系统 [D]. 仓头：内蒙古科技大学. 2022.
[27] 金文倩. 基于计算机视觉的零件分割标注与缺陷检测 [D]. 上海：上海师范大学. 2022.

[28] 汪峰. 基于计算机视觉的虾苗活力分析研究 [D]. 上海：上海海洋大学. 2022.

[29] 刘欢. 基于计算机视觉的六安脆桃分级研究 [D]. 合肥：安徽农业大学. 2022.

[30] 张瑗晋. 运用计算机视觉技术的机场场面运行防相撞研究 [D]. 广汉：中国民用航空飞行学院. 2022.